Caroline Talbott

Berufliche Übergänge coachen

Reihe
Coaching Skills kompakt
Band 7

www.junfermann.de

blogweise.junfermann.de

www.facebook.com/junfermann

twitter.com/junfermann

www.youtube.com/user/Junfermann

CAROLINE TALBOTT

BERUFLICHE ÜBERGÄNGE COACHEN

Aus dem Englischen von
Claudia Campisi

Junfermann Verlag
Paderborn
2017

Authorized translation from the English language edition *Essential Career Transition Coaching Skills,* published by Routledge, a member of the Taylor & Francis Group

Übersetzung Claudia Campisi

Coverbild © Thomas Marchhart – Fotolia

Covergestaltung / Reihenentwurf Christian Tschepp

Satz & Layout JUNFERMANN Druck & Service, Paderborn

Bibliografische Information der Deutschen Nationalbibliothek

Die Deutsche Nationalbibliothek verzeichnet diese Publikation in der Deutschen Nationalbibliografie; detaillierte bibliografische Daten sind im Internet über http://dnb.d-nb.de abrufbar.

ISBN 978-3-95571-422-2

Dieses Buch erscheint parallel als E-Book
ISBN: 978-3-95571-605-9 (EPUB), 978-3-95571-607-3 (PDF), 978-3-95571-606-6 (MOBI).

Für Jean, meine Mutter, und Muriel, meine Großmutter,
die mich mit ihrer Liebe für Bildung und lebenslanges Lernen
inspiriert haben.

Inhalt

Vorwort

Niemand ist eine Insel, sagte einst der englische Dichter John Donne und bekräftigte damit, dass ein Mensch, der von anderen isoliert ist, nicht gedeiht und dass jeder einzelne für die Menschheit wichtig ist.

Diese Worte haben auch heute noch Gültigkeit, sogar mehr denn je. In vielen intensiven Coachinggesprächen sind nämlich die Suche nach einem sinnvollen und zielgerichteten Leben in dieser komplexen, vernetzten Welt und die Frage, wie man sich noch stärker einbringen kann, unterschwellig Thema.

Für den Bereich Coaching und für andere helfende Berufe kommt dieses Buch genau zur rechten Zeit: Damit wir mit anderen und uns selbst mehr in Kontakt kommen und bessere Entscheidungen treffen; damit wir beflügelt werden von der Befriedigung stimmiger Wahlmöglichkeiten und dem Gefühl, entscheiden zu können.

Man denke an den einsamen Geschäftsführer, der nach einer sehr erfolgreichen Laufbahn plötzlich ohne Job dasteht und sich schließlich fragt, was ihm denn nun *wirklich wichtig* sei. Oder die versierte Fachfrau, die sich mit ihrem Spezialwissen identifiziert, dann aber „vortreten" und andere auf ein unbekanntes Terrain führen soll.

Oder alle, die an der Schwelle einer neuen Lebensphase stehen, die vielleicht zu erwarten war oder, oft genug, auch nicht. Oder Menschen, die in Rente gehen, die eine Beziehung eingehen oder sich trennen, die einen Verlust oder die Veränderung ihrer Familienverhältnisse verarbeiten. Kurzum – alle strapaziösen Situationen, die von uns verlangen, dass wir einen Schritt zurücktreten, nachdenken und uns neu zurechtrücken.

Dies sind nur einige der Übergangsphasen, durch die uns Caroline Talbott führt. Sie beschenkt uns mit einer interessanten Mischung aus Faktoren psychologischer, mentaler, verhaltensmäßiger und ganz praktischer Natur: Sie umfassen alles, was zu bedenken ist, wenn man andere in kritischen Lebens- oder Berufsphasen unterstützt.

Seite für Seite erweitert sie außerdem unseren Fokus auf Optionen und Ressourcen, die es auf diesem relativ jungen Gebiet schon gibt, damit wir inspiriert und mit frischer Energie „aktiv werden" und herausragende Arbeit leisten!

Exzellente Coachs sind Menschen, mit deren Hilfe wir und diejenigen, die wir unterstützen, in der Gesellschaft eine wichtige – große oder kleine – Rolle spielen und mehr bewirken können – was immer das sein mag.

Katherine Tulpa
CEO, Association for Coaching
August 2012

Danksagung

Ich möchte allen danken, die mich, angefangen von der Begutachtung bis zur Kritik, auf vielfältige Weise unterstützt und ihre Erfahrungen mit mir geteilt haben, allen Freunden und Familienangehörigen, die mich ermutigt haben sowie allen Coachs und Coachees für ihre Anregungen und Anstöße. Ohne die folgenden Menschen wäre dieses Buch nicht das geworden, was es ist:

Andy Britnell, Angela Dunbar, Angela Watson, David Dodd, Deni Lyall, Elisabeth Kübler-Ross Foundation, Emma Lewis, Francesca Long, Gary Boner, Gerry O'Neill, Gladeana McMahon, Guy Buckland, Helen Harrison, Jane Kitchen, Julia Latimer, Karen Mitchell, Karen Williams, Kate Williams, Katherine Tulpa, Kirsty Harper, Lindsey Huckrack, Martin Baldwin, Peter Hawkins, Rachael Burgess, Rachael Ross, Roy Sheppard, Steve Bucknell, Sue Knight, Sunil Jindal und Xanthe Wells.

Vor allem aber möchte ich meinem wunderbaren Ehemann Ian für die unermüdliche Unterstützung danken, die er mir während der Entstehung des Buches gewährt hat: Rückenstärkung, Ermutigung und Ansporn – und jede Menge erledigter Abwasch!

Sofern nicht anders angegeben, stammen alle Zitate aus meinen Interviews mit Deni Lyall, Peter Hawkins, Andy Britnell, Gerry O'Neill, Angela Watson und Karen Williams.

Wir haben uns sehr bemüht, alle Rechteinhaber ausfindig zu machen. Im Fall, dass jemand unbeabsichtigterweise übersehen wurde, wird der Verlag gerne bei nächster Gelegenheit die notwendigen Vereinbarungen treffen.

1. Übergangscoaching im Beruf – wozu?

Der Autor und Management Consultant Peter Drucker hatte recht, als er sagte, wenn man seine Zukunft nicht selbst in die Hand nimmt, wird es jemand anderes tun. Wie wahr. Aber es geht um mehr ...

Die Arbeitswelt war noch nie so chaotisch wie heute, aber auch nicht so chancenreich – für bewusst selbstbestimmte Menschen. Zwischen 2001 und 2007 nahm in Großbritannien der wachstumsstärkste Beruf bei Frauen um 93 Prozent zu, während der am stärksten rückläufige um 66 Prozent zurückging, bei Männern 49 bzw. 39 Prozent (Sissons 2011). Laut Kelly Services (2011a) erwarteten 57 Prozent von 97000 Menschen weltweit für die nächsten fünf Jahre eine berufliche Veränderung: ein potenziell riesiger Markt für Übergangscoachs.

Die Veranlassung für das Schreiben dieses Buches kam, als ich nach Literatur für Coachs suchte, die in allen denkbaren Kontexten mit Menschen in beruflichen Übergangsphasen arbeiten, und zu meiner Überraschung nichts fand – es gab kein einziges Buch! In der Masse der berufsbezogenen Ratgeber stieß ich auf einige wenige Bücher, in denen einzelne Aspekte dieses Themas behandelt oder „Rezepte" angeboten wurden. Doch nirgends fand sich eine so ausführliche Darstellung wie in der vorliegenden Veröffentlichung.

Dieses Buch gibt ein umfassendes Bild ab. Es ist ein praktischer Leitfaden mit anregenden Geschichten von Coachs und ihren Coachees, den man bei jeder Gelegenheit, bei der man jemanden berät, der im Beruf mit Veränderungen zu tun hat, einfach aus dem Regal ziehen kann.

In diesem Kapitel untersuche ich zunächst detailliert, welcher Wandel sich im 21. Jahrhundert an dem Begriff „Beruf" vollzieht, und an welcher Stelle und auf welche Weise Coachs Unterstützung gewähren können. Sie erfahren darin, für wen das Buch geeignet ist, aus welchen ökonomischen oder menschlichen Gründen Coaching in beruflichen Übergangsphasen empfehlenswert ist und wie andere Formen des Coachings und der Berufsberatung damit zusammenhängen. Zum Abschluss gebe ich einen Überblick über alle folgenden Kapitel.

1.1 Kontext und Bedeutung des Begriffs „Beruf" im 21. Jahrhundert

Was ist heutzutage, im 21. Jahrhundert, ein Beruf? Gibt es so etwas überhaupt? Nein!, sagt Daniel Priestley (2010). Die Welt verändert sich so schnell wie noch nie und damit auch die Erwartungen, Wünsche und Bedürfnisse, die viele in Bezug auf ihr Arbeitsleben haben. Ein „Beruf" kann zahlreiche Vorteile bieten: Geld, Status, Selbstwertgefühl, Fähigkeiten, Wissen, Zugehörigkeitsgefühl, Sinn und Zweck. Wahrscheinlich erleben wir gerade einen geschichtlich einzigartigen Moment, denn noch niemals haben berufliche Ansprüche und Bestrebungen so sehr gezählt, haben Menschen so viel Einfluss auf die eigene Erwerbstätigkeit – wenn sie sich denn dafür entscheiden und in der Lage sind, von dieser Wahlfreiheit Gebrauch zu machen. Woher kommt das?

Damals und Heute

Im Lauf der letzten 20 Jahre hat sich ein exponentieller, vorrangig von technologischen Entwicklungen, der Globalisierung sowie sozialen und demografischen Faktoren angetriebener Wandel vollzogen, dessen Geschwindigkeit in den letzten fünf Jahren sogar noch zugenommen hat. Man könnte einwenden, dass die Wirtschaft in den zehn Jahren vor 2008 von einer noch stärkeren Kraft angetrieben wurde: institutionelle und individuelle Habgier und Risikobereitschaft. Man denke nur an den Film *Wall Street,* wo Gordon Gekko davon schwärmt, wie gut und richtig Habgier sei. Und wie bitter war die Erkenntnis, dass dies gar nicht stimmt!

Im Zuge der Kreditklemme im Jahr 2008 und der darauf folgenden Rezession dachte man, dass nun alles anders würde. Und? Tatsächlich kommt man nicht mehr so leicht an einen Kredit heran; die meisten entwickelten Volkswirtschaften stecken in einem „Zeitalter der Sparsamkeit". Während die Wirtschaft in China und Indien stetig – wenn auch langsamer – weiterwächst, geht es in westlichen Ländern nur zaghaft voran. Stellenabbau, Arbeitsstundenreduzierung und „Unterbeschäftigung" sind verbreitet, und das wird – dank der Einsparungsprogramme besonders auf dem öffentlichen Sektor in Großbritannien, den USA und der Eurozone – noch nicht alles sein. Sind dies wirklich nur kurzfristige Probleme oder längerfristige Katalysatoren für einschneidende Veränderungen?

Die Faktoren, die die globale Entwicklung seit dem Ende des 20./Anfang des 21. Jahrhundert bestimmen, wirken sich auch auf die Arbeitswelt aus, und zwar immer schneller. So vernichtet die Technologie einerseits Arbeitsplätze (z.B. in der Filmbearbeitung und im Einzelhandel), schafft dafür aber an anderer Stelle neue Arbeitsplätze (z.B. für Designer von Computerspielen und Webseiten) und ermöglicht andere Arbeitsweisen, beispielsweise zu Hause, über Callcenter im Ausland und soziale Medien. „Arbeit" ist immer weniger ein Ort, an den man sich begibt, sondern etwas, das man tut.

Dies hat zur Entstehung neuer Begriffe wie „Wissensökonomie" und „Wissensarbeit" geführt. Leider gibt es dafür noch keine allgemeingültigen Definitionen, doch wenn man die drei obersten Berufsgruppen (Manager, Angestellte und freie Fachkräfte) als Näherungswerte für „Wissensarbeiter" heranzieht, ist deren Anzahl in Großbritannien von knapp 7,9 Mio. im Jahr 1984 auf 12,5 Mio. im Jahr 2004 gestiegen. Hochgerechnet (45 Prozent) ergibt das für 2014 14,2 Mio. (Brinkley, 2006, 2008).

Für sein Buch „The hourglass und the escalator: Labour market change und mobility" analysierte Paul Sissons (2011) den anhaltenden Trend im Wandel der Wirtschafts- und Arbeitswelt und stieß dabei auf eine „Aushöhlung" des Arbeitsmarkts in Form einer „Sanduhr": In der oberen Hälfte nimmt die Anzahl der Menschen, die hoch qualifiziert sind oder Führungspositionen innehaben zu, während weniger gut ausgebildete in die untere Hälfte der Niedriglohnbeschäftigung, der Hilfsarbeiterjobs oder der Arbeitslosigkeit hinuntergedrückt werden, da das mittlere Segment (etwa in der Verwaltung, im Sekretariat sowie in der Verfahrens- und Maschinentechnik) seit der Rezession von 2008 immer weiter und immer schneller schrumpft.

In den meisten Branchen sind die Tage der „lebenslangen Stelle" gezählt und schwinden nun sogar auch in gewissen Nischen des öffentlichen Sektors, wo sie sich bisher noch halten konnten. Sissons' Bericht für die britische Stiftung „The Work Foundation" ist ein Appell an die Verantwortlichen in der Politik, „für eine qualifizierte Berufsberatung zu sorgen", damit Arbeitskräfte sich beruflich verändern können. Des Weiteren sollen der Wissenstransfer vom öffentlichen zum privaten Sektor gefördert und Umschulungen und Weiterbildungen durchgeführt werden. Für Übergangscoachs, denen an solchen kulturellen Veränderungen gelegen ist und die ein lebender Beweis dafür sind, dass Coaching durch einen Menschen aus Fleisch und Blut besser ist als reines Kompetenztraining oder Selbsthilfebücher, schlummern hier ungeahnte Möglichkeiten zur umfassenden Unterstützung. Ratgeber sind überall erhältlich und hilfreich, aber womöglich erreicht man die erwünschten Veränderungen durch Coaching um einiges schneller.

Auch der Trend zur verlängerten Lebens- und Arbeitszeit birgt potenzielle Klienten, die sich während ihrer gesamten Berufslaufbahn verändern möchten. Laut dem britischen Gewerkschaftsdachverband (TUC, 2011) lag der Anteil der berufstätigen 50–64-Jährigen 1992 bei 56,5 Prozent und 2010 bei 64,9 Prozent – eine Steigerung von 8,4 Prozent. Der Anteil der Über-65-Jährigen stieg im selben Zeitraum von 5,5 auf 9 Prozent.

Außerdem ist die Bevölkerung im Großen und Ganzen besser ausgebildet, besser informiert und besser vernetzt. Laut OECD (2011b) haben weniger Menschen keinen höheren Schulabschluss und mehr Menschen ein abgeschlossenes Studium. Zwischen 1998 und 2009 fiel der Anteil der Erwachsenen ohne höheren Schulabschluss von 37 auf 27 Prozent; im selben Zeitraum stieg der Anteil derjenigen mit abgeschlossenem Studium von 21 auf 30 Prozent. Daher ist zu befürchten, dass die Änderungen in der Hochschulfinanzierung und bei den Studienbeträgen in Großbritannien langfristige Folgen haben werden, die noch nicht absehbar sind.

Dass Menschen heutzutage über mehr Informationen verfügen, liegt sicher auch an dem vereinfachten und schnelleren globalen Zugang. So gab es laut Internet World Stats Ende März 2011 2.095.006.005 Internetnutzer (Miniwatts Marketing Group, 2001–2012). Ofcom (2012) zufolge verfügten im Mai 2011 74 Prozent der Erwachsenen in Großbritannien über einen Breitbandanschluss und 500.000 Haushalte über Hochgeschwindigkeitsinternet, fünfmal so schnell als im Jahr 2010. 90 Prozent der 35–44-Jährigen haben Internet zu Hause, während es 2000 nur 25 Prozent waren; 2011 hatten 48 Prozent in den ersten drei Monaten soziale Netzwerke genutzt, 2010 dagegen nur 40 Prozent; 27 Prozent der Erwachsenen und 47 Prozent der Teenager besitzen ein Smartphone – 28 Prozent nutzen es, um ins Internet zu gelangen (2010 22 Prozent) und 57 Prozent für den Besuch sozialer Netzwerke. Das Tempo nimmt zu: Innerhalb eines Jahres kauften 59 Prozent ein Smartphone; 37 Prozent der Erwachsenen und 60 Prozent der Teenager gaben zu, „stark süchtig“ nach ihrem Smartphone zu sein.[1]

---

1 Für Deutschland sehen die Zahlen nicht so sehr viel anders aus. Genauere Informationen findet man auf der Website des Statistischen Bundesamtes: www.destatis.de.

In ihrem Bericht für das Jahr 2012 machte die Weltbank (2012) auf den globalen Zuwachs von neuen Arbeitsplätzen und unternehmerischen Chancen durch die mobile Technologie aufmerksam. Demnach kommen nicht nur in Großbritannien und den USA, sondern auch in vielen weiteren Ländern auf 100 Personen schon mehr als 100 Mobiltelefonverträge.

Twitter gab für Februar 2011 200 Mio. Accounts an, LinkedIn für August 2011 mehr als 120 Mio. Mitglieder in über 200 Ländern und Gebieten und Facebook Mitte 2011 mehr als 750 Mio. aktive Nutzer. Google+ verzeichnete innerhalb von nur 16 Tagen einen Zuwachs von 10 Mio. Nutzern.[2] Soziale Medien werden zunehmend auch zum Netzwerken und für die Suche nach Geschäftspartnern, Mitarbeitern, Aufträgen und neuen Projekten verwendet. Online-Börsen sind inzwischen die beliebteste Quelle bei der Jobsuche: 2011 fanden 26 Prozent ihre neue Stelle übers Internet (Kelly Services, 2011b).

1.2 Die Trends für die Zukunft

„Be happy" wird immer mehr zum Muss. Zur Messung dieses „Glücksstandards" wurde in Großbritannien 2010 der *Gross National Wellness Index* (GNW Index) eingeführt mit folgenden Glücksfaktoren (britisches Statistikamt, ONS): Zufriedenheit im Beruf, adäquates Einkommen und Wohlstand, ausgeglichenes Verhältnis zwischen Arbeit und Privatleben und das Gefühl, ein sinnvolles Leben zu führen.[3] All diese Faktoren würden meiner Meinung nach von gut getroffenen Entscheidungen und gut gestalteten Veränderungsprozessen im Berufsleben wesentlich beeinflusst.

Auch die Zahlen im Ländervergleich sind interessant. So veröffentlichte die OECD 2011 für die 34 Mitgliedstaaten einen *Better Life Index* zur Messung des Erfolgs im Verhältnis zum Bruttoinlandsprodukt mit Kriterien wie Beschäftigung, Einkommen, Work-Life-Balance und subjektives Wohlbefinden.

Wie wirkt sich all dies nun am Arbeitsplatz aus? Lynda Gratton (2012), die 2011 zur Nr. 12 der 50 einflussreichsten „Business Thinkers" gekürte Professorin für Management Practice an der London Business School,

---

2 Ganz aktuelle Zahlen gibt es z. B. hier: http://socialmedia-institute.com.

3 In Deutschland gab es von 2011–2013 eine Enquete-Kommission, die zum Thema „Wachstum, Wohlstand, Lebensqualität" arbeitete.

schreibt in ihrem Buch *Job Future – Future Jobs: Wie wir von der neuen Arbeitswelt profitieren,* dass unsere Arbeitsweise von fünf Faktoren und 32 Teilaspekten wesentlich verändert würde: Zu den vier älteren Faktoren (Globalisierung, Technologie, Demografie und Gesellschaft), die bereits zu Veränderungen geführt haben, kommt nun der relativ neue Faktor der Energieressourcen. Für ein erfüllendes Leben, sowohl im Beruf als auch privat, benötige man drei Arten der Neuorientierung:

1. Meisterschaft statt Oberflächlichkeit
2. Aufbau eines Netzwerks, bestehend aus einem „Aufgebot an Unterstützern", einem regenerativen Umfeld sowie einfallsreichen Menschen (z. B. Ihr Coach / Ihre Coachin?)
3. Weniger Wert auf „Mammon und Konsum" legen und lieber einer produktiven und spannenden Arbeit nachgehen, für die man sich begeistert

So ähnlich äußert sich auch Daniel Priestley (2010). Diesem Autor zufolge führt der Weg nach vorn über fünf Schritte. Wer in der Nische seiner Wahl eine „einflussreiche Schlüsselfigur" (eine KPI, Key Person of Influence) sein will, müsse vor allem die „einzelnen Punkte zu einem Bild verbinden" und sein „verborgenes Thema" aufspüren. Wir befinden uns im Zeitalter der „Ideenwirtschaft": Alles ist anders – „die besten Ideen aus der Zeit vor fünf Jahren hängen einem heute wie Mühlsteine um den Hals".

Andere Wirtschaftstheoretiker fragen danach, welche Trends sich in den nächsten Jahren wahrscheinlich auf Unternehmen und damit auch auf die Tätigkeit der dort Angestellten auswirken werden. Wie der laut *Wall Street Journal* „einflussreichste Wirtschaftsvordenker weltweit", Gründer des MLab (Management Laboratory) und Gastprofessor an der London Business School Gary Hamel in seinem Buch *Worauf es jetzt ankommt* (Hamel, 2013) schreibt, hätten wir endlich begriffen, dass das Streben nach immer mehr materiellen Dingen weder befriedigend noch nachhaltig sei und wir uns nach „einer freundlicheren, sanfteren Art des Kapitalismus" sehnen würden, „der den Unterschied zwischen maximalem Konsum und maximalem Glück kennt" (S. 45).

Schon in seinem Buch *Das Ende des Managements – Unternehmensführung im 21. Jahrhundert* hatte Hamel (2008) konstatiert, dass die Beschleunigung des Wandels sowohl Gefahren als auch Chancen berge und der Erfolg eines Unternehmens von dessen Fähigkeit zur Anpassung und Umsetzung neuer Prinzipien wie Resilienz, Innovation und Arbeitnehmerengagement abhänge. Dies ließe sich zum Glück nur mit Geist und Kompetenz (z. B. Originalität, Courage und Stehvermögen) bewerkstelligen, also mit anderen Qualitäten als die, auf denen das Management des 20. Jahrhunderts baute (z. B. Sparsamkeit, Ordnungsliebe und Verlässlichkeit).

In ihrem Artikel „The new path to the C-Suite" berichten Groysberg, Kelly und MacDonald (2011) über Forschungsergebnisse, denen zufolge Führungskräfte heutzutage andere Fähigkeiten benötigten als früher. Eine Analyse von Stellenbeschreibungen der Personalagentur für Führungskräfte *Heidrick and Struggles* sowie Interviews mit Personen in leitenden Positionen ergaben, dass Geschäftssinn und soziale Führungsfähigkeiten wichtiger sind als technische und funktionale Fachkenntnisse. Demnach brauchen Menschen, die sich auf der Führungsetage profilieren wollen, Kommunikationsstärke, Teamgeist, strategisches Denkvermögen, eine globale Einstellung und die Fähigkeit, einen genauen Einblick in wichtige Unternehmensentscheidungen zu bieten.

Bei der Wahl des Berufs und in Bezug auf die Erwartungen daran spielen auch individuelle und private Faktoren eine Rolle, etwa das Temperament, die Lebensphase oder „Generationsunterschiede", und zwar nicht nur bei Menschen, sondern auch bei Organisationen. So warnt der *Gen Up report* (Penna & CIPD, 2008) vor „Schubladendenken" und empfiehlt die Anerkennung von Generationsunterschieden und der „Meinungsvielfalt der Belegschaft". Wolle man den „Wettkampf um die klügsten Köpfe" gewinnen, müsse man sich mit altersbedingen Unterschieden proaktiv auseinandersetzen. Die Autoren benennen vier Generationen: die Veteranen (Jahrgang 1939–1947), Babyboomer (Jahrgang 1948–1963), Generation X (Jahrgang 1964–1978) und Generation Y (Jahrgang 1979–1991), ergänzt von Generation Z (Jahrgang 1992–2008), die aktuell erwerbstätig wird. Jede Generation habe bestimmte Einstellungen in Bezug auf das Leben und die Arbeit, die sich von denen der früheren unterscheiden. Dies folgt auch aus einer jüngeren amerikanischen Studie an Oberstufenkohorten, die weniger Wert auf Arbeit, einen gesicherten Arbeitsplatz und die Erfahrung einer lohnenswerten Beschäftigung legen, aber mehr auf Freizeit (Wray-Lake, 2011).

Die Generationsunterschiedlichkeit ist zwar nur ein Faktor von vielen, die in der Auseinandersetzung mit beruflichen Bedürfnissen und Erwartungen in Betracht zu ziehen sind, weist jedoch darauf hin, dass neu erwerbstätig werdende Generationen – und zum Teil auch die Babyboomer

– wahrscheinlich öfter ihren Beruf wechseln werden als die vorhergehenden. Da Menschen heutzutage länger leben, später in Rente gehen und die Altersvorsorge nicht mehr gesichert ist, arbeiten viele – weil sie müssen oder wollen – länger als das in der westlichen Welt derzeit übliche Renteneintrittsalter und wechseln deswegen auch öfter, egal ob freiwillig oder unfreiwillig.

Wir haben es also mit einem gelungenen Zusammenspiel zu tun: Aufseiten der Verbraucher und Erwerbstätigen besteht ein Bedarf nach veränderten Vorgehensweisen der Organisationen, wodurch die Welt nachhaltiger und das Berufsleben befriedigender wird, vorausgesetzt, dass Führungskräfte und Erwerbstätige ihre Herangehens- und Verhaltensweisen ändern und neue Fähigkeiten entwickeln.

Kehren wir nun noch einmal zu der Frage zurück: „Was ist ein Beruf im 21. Jahrhundert?" Mit einem Beruf kann man seinen Lebensunterhalt verdienen, was schon an sich lohnenswert ist, für Zufriedenheit sorgt und das Leben angenehm macht. Da sich die Welt immer schneller wandelt, verändern sich die Berufsaussichten ständig. Manche Zweige werden gekappt oder verkümmern langsam, andere expandieren oder es sprossen neue hervor. Der berufliche Lebenslauf wird zukünftig aus mehreren Anstellungen nacheinander in verschiedenen oder sogar verschiedenartigen (privaten, öffentlichen oder „Nonprofit-")Organisationen bestehen; vielleicht in Form einer traditionellen „Karriereleiter" oder auch nicht – obwohl wahrscheinlich immer noch recht viele nach oben wollen (laut der Gemeinschaftsstudie des Institute of Leadership and Management / Ashridge Business School von 2011 erwarten 56 Prozent der Hochschulabsolventen, innerhalb von drei Jahren nach ihrem Abschluss eine Führungsposition erreicht zu haben).

Darunter fallen auch Zeiten der Freiberuflichkeit oder Nichterwerbstätigkeit, wie etwa in Form eines Sabbatjahrs, einer Auszeit vor Studienbeginn oder einem verlängerten Mutter- oder Vaterschaftsurlaub, sowie Phasen mit weniger Arbeitszeit und materieller Vergütung. Neben der Voll- oder Teilzeitbeschäftigung gibt es auch „Patchwork-" oder „Portfolio"-Arbeitsmodelle mit mehreren Jobs oder Berufen. Außer Rechtsanwälten, Rechnungsprüfern und Ähnlichen folgen die wenigsten einer vorgegebenen „Laufbahn". Wahrscheinlich haben die Generationen X, Y, Z und die sogenannten „Millenials" ein stärkeres Bedürfnis nach Selbstbestimmung und betrachten Arbeit nur mehr als Teil eines sinnvollen und angenehmen Lebens.

Diese Veränderungen erfordern nicht nur, sich im Laufe des Lebens beruflich ständig neu zu erfinden und die Fähigkeit, sich an neue Umstände und Aufgaben anzupassen, sie ermöglichen dieses auch und motivieren dazu – daher die hohe Anzahl beruflicher Veränderungen! Darauf spezialisierte Coachs werden von unschätzbarem Wert sein, weil sie dabei helfen, Entscheidungen zu treffen, neue Arbeitsmöglichkeiten zu finden und sich darauf einzustellen. Aber nicht jeder sieht darin eine Chance. Es gibt immer auch die Wahrnehmung, dass man keine Wahl hat und sich keine Türen mehr auftun. Diese Menschen brauchen Hilfe, sich aufzuraffen und weiterzugehen.

Meiner Ansicht nach sind die Schlagworte einer zufriedenstellenden und erfolgreichen beruflichen Veränderung Anpassungsfähigkeit, Flexibilität und die Gabe, neue Möglichkeiten zu erkennen, gekoppelt mit starken Werten und Meinungen (die sich mit der Zeit verändern können) – bei all diesen können Übergangscoachs helfen.

1.3 Wer profitiert von diesem Buch?

Aus diesem Ratgeber werden all jene Coachs schöpfen, die mit beruflichen Übergangsphasen zu tun haben, wobei ich mit „Coach" auch diejenigen ohne anerkannte Qualifikation meine. Sie können ihm vertrauen und immer dann auf ihn zurückgreifen, wenn Klienten nach einer neuen Richtung suchen, ihre Gedanken und Gefühle dabei verstehen und verarbeiten und sich so gut wie möglich an den gewählten Weg anpassen wollen. Das Buch richtet sich aber auch an Betroffene, die selbst gerade eine Übergangsphase durchmachen und verstehen wollen, was in ihnen vorgeht und warum sie von der Unterstützung und dem Wissen eines guten Coachings profitieren können.

Es kommen sowohl die Bedürfnisse der erfahrenen als auch die der frisch gebackenen Coachs zur Sprache, egal wo sie arbeiten und ob sie angestellt sind oder nicht. Dadurch können Sie Ihre Klienten besser bei beruflichen persönlichen wie organisationsbedingten Veränderungen unterstützen und so die von persönlichen und strukturellen Veränderungen verursachten Störungen mithilfe dieses effektiven Mechanismus zur Motivierung von Beschäftigten abfedern.

Das Buch richtet sich hauptsächlich an vier Zielgruppen:

1. Sie coachen bereits selbst oder üben eine ähnliche Tätigkeit aus.
2. Sie nehmen an einer Coachingausbildung teil.
3. Sie arbeiten in einer Organisation und haben unter anderem die Aufgabe, andere bei beruflichen Veränderungen zu coachen.
4. Sie planen einen Berufswechsel oder stehen vor einer größeren Veränderung an ihrem Arbeitsplatz oder in ihrem Beruf.

Folgende Personen könnten sich von dem Buch angesprochen fühlen:

- Etablierte Coachs, die auf berufliche Übergangsphasen spezialisiert sind oder sich darauf spezialisieren möchten;
- Coachs, die sich selbstständig machen möchten und sich für berufliche Übergangsphasen interessieren oder sich darauf spezialisieren;
- Berufsberater / -beraterinnen, die dazulernen und an ihren Fähigkeiten arbeiten wollen;
- Teilnehmende an Coachingausbildungen und Neuorientierungskursen sowie deren Tutoren und Tutorinnen;
- Anbieter von Outplacement-Dienstleistungen oder Coachs, die sich dort um eine Stelle oder eine feste Zusammenarbeit bewerben;
- Beschäftigte in öffentlichen oder privaten Arbeitsagenturen oder Jobcentern;
- Führungskräfte, Mitarbeiterinnen und leitende Angestellte in Personalabteilungen oder Umstrukturierungsprogrammen sowie Personen, die zur Verfolgung der Ziele ihrer Organisation Mitarbeiter in Umbruchphasen einzeln oder in Gruppen coachen;
- Menschen, die mit ihrer beruflichen Tätigkeit unzufrieden sind, sich grundlegend verändern möchten oder die befördert worden sind.

Was das Buch ist: Ein praxisorientierter Leitfaden, der Ansätze und Techniken vermittelt, die im Kontext von beruflichen Veränderungen nützlich sind – ein Instrumentarium, mit dem Sie so gut coachen werden wie noch nie!

Was das Buch nicht ist: Ein Grundlagenmanual zum Erlernen allgemeiner Coachingfähigkeiten oder -ansätze – obwohl diese in anderen Kontexten durchaus hilfreich sein können. Es ist auch keine „Strickanleitung". Vielmehr bietet es Ihnen verschiedene Möglichkeiten, aus denen Sie passend zu Ihren jeweiligen Klienten sowie Ihren eigenen Präferenzen und Fähigkeiten auswählen können.

1.4 Ökonomische und menschliche Gründe für Coaching bei beruflichen Veränderungen

Übergangscoaching im Beruf empfiehlt sich bei folgenden Problemen: unfähige Führungskräfte, desinteressierte Mitarbeiter, Verschwendung von Talent (man hat den falschen Beruf und schöpft seine Fähigkeiten nicht voll aus oder/und ist demotiviert) und Missbrauch von Humankapital (Arbeitslose). Diese Probleme können sowohl im Unternehmen als auch im Menschen auftreten.

Woran macht sich die Effektivität von Coaching in beruflichen Übergangsphasen bemerkbar? Es gibt etliche Fallstudien und persönliche Geschichten gelungener beruflicher Veränderungen und eine lange Liste von Vorteilen, doch nur wenige spezifische quantitative Informationen. Tatsächlich evaluieren nur 36 Prozent der vom britischen *Chartered Institute of Personnel and Development* (CIPD, 2010a) untersuchten Organisationen die Effektivität von Coaching. Und die Organisationen, die es tun, konzentrieren sich auf die qualitative Evaluation und fragen beispielsweise nach den Reaktionen, Lebensgeschichten und Zeugenaussagen.

Die Analyse des CIPD für das Jahr 2011 betraf zwar nicht explizit Coaching in beruflichen Übergangsphasen, ergab jedoch, dass 33 Prozent aller Organisationen mithilfe von Coaching vorrangig Führungskräfte vorbereiten und unterstützen und 43 Prozent damit das Leistungsmanagement verbessern wollen. Beide Ziele können etwas mit beruflichen Übergangsphasen zu tun haben.

Laut *Global Consumer Awareness Study der International Coach Federation* (ICF, 2010) gaben 42,6 Prozent der Befragten als Beweggrund für das Coaching an, „die eigene Leistung / die Leistung des Teams optimieren“ zu wollen. Als Nächstes in der Rangliste folgte „berufliche Chancen erweitern“ mit 38,8 Prozent und „Managementstrategien verbessern“ mit 36,1 Prozent. 83 Prozent der Befragten waren „zufrieden“ und 36 Prozent sogar „sehr zufrieden“ mit ihrem Coaching.

Übergangscoaching ist besonders in folgenden Situationen angesagt:

- *Entlassung / Versetzung an einen anderen Arbeitsplatz:* Hier liegt die Sache klar auf der Hand. Viele Organisationen lassen bei deutlichem Personalabbau Mitarbeiter coachen, damit diese schneller eine neue Stelle finden und ihr Leben neu ordnen können. Außerdem erhalten dieje-

nigen, die weiterhin beschäftigt bleiben, auf diese Weise ein positives Signal in Bezug auf die Werte des Unternehmens und leiden weniger unter dem „Schuldsyndrom der Überlebenden".
An dieser Stelle möchte ich eine Klientin der von Deni Lyall geleiteten Coachingfirma *Winning Performance* zitieren, die es zunächst im Alleingang probiert hatte: „Ich habe alles Mögliche unternommen, aber jetzt weiß ich, wie ich weiterkomme und was das *Richtige* dafür ist."

- *Aufstieg ins Management/in eine Führungsposition:* Welche Kosten werden verursacht, wenn sich Mitarbeiterinnen etwa aufgrund einer Beförderung nur langsam an ihre neue Rolle gewöhnen? Zwar liegen auch dafür keine genauen Zahlen vor, doch kann man sich denken, dass der Aufwand Kosten verursacht. Wie Macleod und Clarke in ihrem Bericht mit dem Titel „Engaging for Success" (2009) feststellen, steigern sehr engagierte Angestellte ihre Bemühungen um 50 Prozent und leisten 20 Prozent mehr, während die demotivierten die britische Wirtschaft um 40 Milliarden Pfund im Jahr bringen. So wird ein Manager mit langer und steiler Lernkurve oder schwacher Leistung seine Mitarbeiter wahrscheinlich nicht motivieren können.
  Ein weiteres Erfolgskriterium findet sich im Coaching auf der Geschäftsführungsebene. So ergab die Untersuchung von Erik de Haan und Christiane Niess (2011) zur organisationsweiten Wirkung von Coaching, dass 72 Prozent der Befragten einen entscheidenden Wendepunkt nannten, den sie auf das Coaching zurückführen konnten. Bis auf eine Ausnahme war die Veränderung bei allen positiv.
- *Umstrukturierung der Organisation:* Wie wir aus Ansätzen wie dem von William Bridges (2004, 2009) wissen, können Umbrüche lähmen, wenn sie – aufseiten der Betroffenen oder der Organisation – nicht gut gehandhabt werden. Hier kann Einzel- oder Teamcoaching enorm viel helfen, sich schneller anzupassen und Kosten zu sparen.
- *Der Berufsanfang nach der Ausbildung/dem Studium:* Diese traditionelle Investition richtet sich mehr oder weniger an Menschen, die sich noch in der Ausbildung oder vor allem im Studium befinden, obwohl man hier eher von „Berufsberatung" spricht (zu den Ähnlichkeiten und Unterschieden zwischen Berufsberatung und Coaching siehe unten).
- *Berufswechsel:* Alle bisher erwähnten Vorteile treffen gleichermaßen zu. Dazu kommt, dass man bei jedem Berufswechsel draufzahlt, weil man zwischendurch arbeitslos ist, wieder auf der untersten Stufe der

Karriereleiter anfangen muss, sich nicht richtig auf die Selbstständigkeit vorbereitet hat und in die Insolvenz geht oder – im Fall eines ganz anderen Berufs – eine Umschulung finanzieren muss. Möchten Sie, dass auf Ihrem Grabstein einmal steht: „Wenn ich doch nur mehr Zeit im Büro verbracht hätte!" oder gibt es nicht doch etwas Größeres, wozu Sie sich berufen fühlen? (Gilligan & Dilts, 2009).
Zu den größten Vorteilen gehört, dass man einen „Schnellstart" mit einem Minimum an Störung und einem Maximum an schnellem Erfolg in eine neue selbst gewählte Richtung wie z. B. in die Selbstständigkeit schafft. Wenn man bereitwillig große Summen in die physische Erscheinung und die Gesundheit investiert (z. B. in ganzheitliche Therapien, Kuren und Wohlfühlwochenenden) – warum nicht auch in die geistige und berufliche Verfassung?

1.5 Evaluation: Welche Vorteile hat Coaching?

Potenzielle Klienten fragen manchmal: „Wozu brauche ich eine Coachin? Es gibt doch so viele Selbsthilfebücher!" Oder sie sagen: „Das Leben ist nun einmal so – ich kriege das schon alleine hin!" Ich stelle dann eine Gegenfrage: „Warum lässt man sich helfen, wenn man etwas Neues lernen will?" Wenn Sie beispielsweise Kajakfahren lernen wollten, würden Sie sich nicht einfach ein Buch besorgen, es lesen und sich dann im Glauben, dass Sie es schon können, allein in ein Kajak setzen und gekonnt und sicher den Fluss hinunterfahren. In der Schule wird zwar Wissen vermittelt, aber Denken, persönliche Entscheidungen treffen oder Emotionen bewältigen – d. h. emotionale Intelligenz (Goleman, 1996, 1998), die wir besonders in Stress- und Umbruchphasen benötigen – lernen wir dort nicht.

Kunden wollen, dass man sich um sie kümmert. Das haben inzwischen schon viele Organisationen erkannt. Dasselbe trifft auf die Belegschaft zu: Warum sollten Mitarbeiter und andere „Karrierewillige" sich alleine durchschlagen müssen? Die meisten Unternehmen verfügen über einen Kundenservice oder die Option individueller Betreuung, wie z. B. PC World, deren „Tech Guys" ihnen helfen, mit dem Apparat, den sie gekauft haben, richtig umzugehen! Sie sparen am falschen Ende und vergeuden ihre Zeit mit Fehlern, wenn sie erwarten, dass sie sich allein durchwursteln und den Dreh schnell raushaben. – Ein Coach oder eine Coachin wird ihnen nicht nur dabei helfen herauszufinden, was sie wissen und tun sollten, sondern auch, es zu erreichen. Das hat enorme Vorteile für die Organisation.

Was die Evaluation von Coaching betrifft, so könnten wir als Übergangscoachs die Nase vorn haben, denn es besteht reichlich Bedarf an Verbesserungen! Einen Evaluationsrahmen für Business-Coaching bietet die Publikation des CIPD (2010b) *Real-World Coaching Evaluation: A Guide for Practitioners.* Damit können Sie treffende Geschäftsszenarios formulieren, die Ihnen helfen, potenzielle Neukunden für sich zu gewinnen, oder sich für Ihr Marketingportfolio eignen. Dazu mehr in Kapitel 8.

1.6 Berufliche Übergangsphasen

Im Mittelpunkt dieses Buches stehen „berufliche Übergangsphasen“, d.h. Zeiten der Veränderung im *Beruf,* die selbst herbeigeführt oder von außen aufgezwungen sein können. Es dreht sich also nicht um persönliche Lebensphasen, sondern um die Vermittlung von genauen Kenntnissen über die psychischen Auswirkungen beruflicher Übergangsphasen, die entstanden sind, weil man die Stelle wechseln möchte oder seine Arbeit verloren hat, sowie den Umgewöhnungsprozess. Als Coach erfahren Sie, welche Ansätze in solchen Situationen passen, und Sie erhalten einen Überblick über die verschiedenen Kontexte, in denen Übergangscoachs in der Regel arbeiten. So können Sie fundierte Entscheidungen treffen, in welche Richtung Sie gehen und sich weiterentwickeln wollen. Und schließlich geht es auch darum, wodurch sich erfolgreiches Übergangscoaching auszeichnet, sowie um die kritischen Faktoren, die sich in jeder Coachingpraxis finden.

Damit Theorie und Praxis sich die Waage halten, enthält das Buch konkrete Praxisbeispiele.

1.7 Übergangscoaching im Vergleich zu anderen Coachingarten und Berufsberatung

Oft tauchen zwei Fragen auf: Erstens, worin besteht der Unterschied zwischen Übergangscoaching und anderen Formen der Unterstützung bei beruflichen Belangen? Und zweitens, wie hebt es sich von anderen Coachingarten ab?

1.7.1 Berufsberatung

Anscheinend gibt es dafür laut neuerer Forschung (Yates, 2011) keine offiziell anerkannte Definition, doch das Wesentliche lässt sich aus der Literatur ableiten. Es gibt mehrere Ansätze, die sich ähneln, aber auch unterscheiden, und zwar in Bezug auf die Institutionen und Menschen, die diese Art der Beratung anbieten.

Die Berufsberatung nähert sich immer mehr dem Coaching an, da sie darauf abzielt, „sich mit Klienten in einem kreativen Prozess zu verpartnern, der zum Nachdenken und zur Maximierung des privaten und beruflichen Potenzials anregt“ (International Coach Federation), bzw. „einen kooperativen und systematischen lösungsfokussierten, ergebnisorientierten Prozess einzugehen, in dem der Coach / die Coachin eine Verbesserung der Arbeitsleistung, der Lebensqualität, des autonomen Lernens und der Selbstentfaltung des Klienten / der Klientin ermöglicht“ (Anthony Grant, 2000, zitiert in: Association for Coaching, 2012).

1.7.2 Andere Coachingarten

Auch hier gibt es keine verbindlichen Regeln; auf berufliche Veränderungen bezogenes Coaching kann im Rahmen von anderen Coachingarten stattfinden (z. B. Führungskräfte-, Unternehmens- oder Lebenscoaching) oder eine klar definierte Nische sein, in der ein Coach tätig ist (siehe die Website der Association for Coaching). Des Weiteren kann es Teil eines Auftrags sein, der von einer Outplacement-Organisation, der Personalabteilung oder dem Management ausgeführt wird.

Für dieses Buch gilt in jedem Fall: Hier geht es um berufliche Übergangsphasen, auch dann, wenn ein Coaching in einem größeren Zusammenhang stattfindet.

1.8 Aufbau des Buchs

Kapitel 2: Menschen an einer beruflichen Schwelle

In diesem Kapitel erfahren Sie, wer Ihre Klienten sind und wie Sie ihnen helfen können. Außerdem bekommen Sie einen Überblick über die verschiedenen Situationen, in denen Menschen Ihre Hilfe brauchen und Sie aufsuchen, angefangen von der Wahl einer neuen Aufgabe bis zur schnellen und gelungenen Einarbeitung.

Am Ende des Kapitels werden Sie wissen, wie Sie Ihre Coachees mithilfe von Robert Dilts (neuro-)logischen Ebenen besser verstehen können (Dilts, Grinder, Bandler & DeLozier, 2003; Dilts, 1996; Dilts und DeLozier, 2000). Sie werden wissen, was sie von Ihnen wollen und welche Art von Hilfe sie wirklich benötigen. Außerdem werden Sie die Stationen beruflicher Veränderungen kennenlernen sowie verschiedene Interventionen, Ansätze, Modelle und Techniken, mit denen Sie Ihre Coachees bei der Bewältigung ihrer Umbruchphase unterstützen können.

Kapitel 3: Zufriedenheit im Beruf, Zeiten des Umbruchs und die psychischen Faktoren

In diesem Kapitel sollen Sie erkennen, dass Übergangsphasen und Veränderungen eher Prozesse sind und nicht so sehr singuläre Ereignisse und wie wertvoll Coaching in dieser Phase sein kann. Sie werden verstehen, wie sich die Persönlichkeit auf die berufliche Zufriedenheit und die Umbruchsituation auswirkt und wie Sie Ihren Coachees helfen können, diese Phase zu verstehen und sie zu verarbeiten. Sie werden hören, welche – nicht gerade positiven – Reaktionen Sie zuweilen bekommen und welchen Effekt dies auf Ihre Arbeit mit den Coachees haben kann. Dies ist vor allem dann der Fall, wenn Coachees ihre Situation als negativ empfinden, etwa im Fall einer Entlassung.

In diesem Zusammenhang lernen Sie renommierte Modelle und Theorien kennen, wie z. B. die Kübler-Ross'sche Veränderungskurve zur Bewältigung von Veränderungen (Kübler-Ross, 2001), sowie andere Tipps und Tools für die Navigation von Klienten durch Krisenzeiten.

Kapitel 4: Die Entscheidung für einen beruflichen Weg

Hier werden die einzelnen Schritte der Berufswahl und die jeweils infrage kommenden Techniken beschrieben. Da man heutzutage ja eher in kurzfristigen Bahnen denkt, könnte man eine langfristige Planung in Zweifel ziehen. Ich würde einwenden, dass es erst recht wichtig ist, seine Werte zu kennen und zu wissen, was einen motiviert oder demotiviert – nicht um weiterzumachen wie bisher, sondern um Fehler zu korrigieren –, damit man nicht zum Serienwechsler wird und kein „Berufe-Hopping" betreibt. Nach der Lektüre dieses Kapitels werden Sie wissen, dass Sie Ihren Coachees besser dienen, wenn Sie diesen nicht einfach nur bei der Auswahl des nächsten Jobs helfen. Vielmehr sollten sie mit Ihrer Unterstützung zu einer langfristigen beruflichen Zufriedenheit finden, indem sie sich selbst verstehen, weiter als bis zur nächsten Aufgabe sehen und wie sie so schnell wie möglich an Geld kommen. Was Sie bezwecken wollen, ist, dass Ihre Coachees nachhaltige Entscheidung fällen, die sie motivieren und begeistern.

Auch hier werden Sie verschiedene Ansätze sowie Mittel und Wege zur Erreichung der Ziele kennenlernen.

Kapitel 5: Auf dem richtigen Kurs

Hier stelle ich Anwendungen vor, mit denen Sie Ihren Coachees helfen können, dorthin zu gelangen, wo sie hinwollen. Egal, ob sie eine neue Anstellung suchen, sich selbstständig machen wollen oder demnächst in den Ruhestand gehen: Bei der Vorbereitung und Suche nach einer neuen Aufgabe können Sie ganz praktisch helfen, etwa bei der Anfertigung eines Lebenslaufs oder der Vorbereitung auf das Vorstellungsgespräch. Hierfür sollten die Coachees ihre eigenen Stärken und übertragbare Fähigkeiten kennen und sich auch psychisch darauf einstellen, indem sie mehr Selbstvertrauen entwickeln und ein neues Gefühl für die eigene Identität bekommen.

Kapitel 6: Schwierige Übergänge

In diesem Kapitel geht es um die eher herausfordernden Aspekte und Situationen einer beruflichen Veränderung und wie erfolgreiche Übergangscoachs sie handhaben. Die Schwierigkeiten können mit der Art der Veränderung (z. B. Entlassung) oder den persönlichen Eigenschaften (wie dem Alter oder mangelnder Berufserfahrung), mit der Psyche oder dem Verhalten zu tun haben.

Kapitel 7: Eine neue Tätigkeit, ein anderes Leben – der Übergang

Häufig wird übersehen, dass ein neuer Job oder die Existenzgründung nur der Anfang einer beruflichen Veränderung ist, der Übergang zu einer neuen Rolle oder sogar zu einem neuen Leben. Auch wenn die Veränderung scheinbar abgeschlossen ist, hat man in Wahrheit Neuland betreten, eine noch unbekannte Welt, an die man sich erst anpassen muss, mit allen praktischen und psychischen Konsequenzen. In diesem Kapitel wird untersucht, wie Sie Ihren Coachees dabei helfen können, sich schnell und erfolgreich umzustellen.

Kapitel 8: Übergänge erfolgreich coachen

Für die Tätigkeit als Übergangscoach gibt es verschiedene Geschäftsmodelle. Auch Mitarbeiter in Personalabteilungen oder auf der unteren Führungsebene können in dieser Funktion eingesetzt werden. Am Ende dieses Kapitels werden Sie die Vor- und Nachteile aller Modelle kennen, was Ihnen bei der Auswahl helfen wird.

Kapitel 9: Zu guter Letzt

Hier werde ich noch einmal verstärkt auf bewährte Coachinggrundsätze eingehen, wie z. B. ethische Überlegungen, das Festlegen eines Vertrags und die Wichtigkeit von Ausbildung, Weiterbildung, Zertifizierung und Supervision.

Dieses Buch enthält viele verschiedene Geschichten, die zeigen, wie geschickt und mit welchem Elan Übergangscoachs anderen Menschen helfen konnten, ihr berufliches – aber auch ihr privates – Leben selbst zu gestalten oder sich in ihrer Organisation dafür einzusetzen, dass authentische Werte gelebt werden. Die Lektüre wird Sie dazu animieren, Ihre eigene Coachingpraxis zu entwickeln und Sie mit den entsprechenden, für die Umsetzung notwendigen Methoden und Tools ausrüsten. Alle Fallbeispiele sind echt, wobei natürlich die Namen und andere Details zur Wahrung der Anonymität geändert wurden.

Der Zeitpunkt für Übergangscoachs könnte nicht günstiger sein, da immer mehr Menschen nach einer sinnvollen und lohnenswerten Tätigkeit verlangen und streben und der globale Trend es nicht nur erfordert, dass man Veränderungen vornimmt, sondern dies auch ermöglicht.

Lesen Sie weiter und lassen Sie sich von diesem Buch zu den nächsten Schritten in Ihrem eigenen beruflichen Veränderungsprozess inspirieren!

2. Menschen an einer beruflichen Schwelle

Warum würde sich jemand in einer Phase der beruflichen Veränderung coachen lassen? Und wie und wann könnten sie diese Person dabei unterstützen? Wo würden Sie beginnen?

Nachdem im vorigen Kapitel die Welt im Wandel beschrieben wurde, geht es in diesem um die Gründe, aus denen Menschen Übergangscoaching in Anspruch nehmen, wonach sie suchen und was Sie ihnen zu bieten haben. Um heraufzufinden, was Ihre Coachees wirklich wollen, dürfen Sie sich nicht mit dem Offenkundigen begnügen, sondern müssen genauer nachfragen. Denn viele Menschen sind sich ihrer eigentlichen Bedürfnisse nicht bewusst oder kennen sie gar nicht und wissen auch nicht, was ein Coach oder eine Coachin für sie tun kann.

Manchmal ist es wie mit Patienten: Jemand kommt mit einem bestimmten Anliegen zu Ihnen, Sie stellen eine gute Vertrauensbasis her, fragen, hören zu, kommen ins Gespräch, und zehn Minuten vor Schluss kommt es zum Vorschein – das *wahre* Bedürfnis. Manchmal dauert es aber sogar noch viel länger, bis Sie alle Fakten beisammen haben und wissen, was bei Ihrem / Ihrer Coachee helfen könnte. In dieser Hinsicht gleicht Übergangscoaching natürlich allen anderen Coachingarten. Oberflächlich bzw. zu eng betrachtet wird es gerne mit Berufs- oder Outplacementberatung gleichgesetzt, weil es etwa auch um die Berufswahl nach dem Studium oder die möglichst reibungslose Verlagerung von betriebsbedingt gekündigten Mitarbeitern geht. Ich hingegen folge einer großzügigeren Auslegung und verstehe Übergangscoaching nicht als ein punktuelles Ereignis, sondern vielmehr als einen Prozess: eine Übergangsphase oder sogar eine Transformation, die Mensch und Organisation gleichermaßen beeinflusst, besonders aber auf der Führungsebene und im Management.

Meiner Erfahrung nach führt eine simplifizierte Definition von Übergangscoaching zu Unterschätzung und infolgedessen zu Unterbezahlung. Die Berufsorientierungs- und Beratungsdienstleistung war ja schon immer meist in weiblicher Hand – also auch ein Fall für die Problematik der Ungleichbezahlung. Auch Outplacement-Coaching hat einen niedrigeren Status als Führungskräftecoaching. All diese Aspekte sind wichtig, wenn es um Ihre Entscheidung geht, in welcher Nische Sie sich niederlassen und wie Sie Ihre Dienste präsentieren.

Im Interesse unseres Berufsstands und unserer Klienten sollten wir Übergangscoachs für eine breitere Perspektive werben, und zwar aus folgenden Gründen:

Im Interesse der Klienten:

- Viel mehr Menschen können in jeder Lebens- und Berufsphase von unserer Unterstützung profitieren und dadurch glücklicher und erfolgreicher sein, was immer das für sie bedeuten mag.
- Organisationen können so Kosten reduzieren, da Manager und Führungskräfte weitaus schneller mit ihren neuen Aufgaben zurechtkommen und weniger Fehler machen, was sie und ihr Team binnen kürzerer Zeit produktiver macht.

Für Coachs:

- Chancen für eine positive Geschäftsentwicklung
- Chancen für eine Verbesserung von Status und Ruf und für eine Befreiung von dem Stigma des traditionell niedrigen Status‘ und der schlechter bezahlten Tätigkeit der „Berufsberatung“

2.1 Berufliche Übergangsphasen

Menschen überschreiten in ihrem Berufsleben verschiedene Schwellen, an denen wir sie unterstützen können:

Ausbildung/Studium und Eintritt ins Erwerbsleben: Hier geht es darum, herauszufinden, wo die Talente der Betroffenen liegen, wonach sie suchen und wie man diese beiden Seiten miteinander in Einklang bringen kann. Was für Stellen gibt es und was muss man tun, um die gewünschte Arbeit zu finden? Beispielsweise indem man ein Praktikum macht und sich auf Vorstellungsgespräche vorbereitet.

Berufswechsel: Man findet heraus, was Coachees sich von ihrem Beruf versprechen, welche übertragbaren Fähigkeiten sie besitzen und welche Stellen es gibt. Was muss man tun, um die Arbeit zu finden, die man machen möchte? Beispielsweise netzwerken und den Lebenslauf überarbeiten.

Beförderung: Wer befördert wird, muss sich an seine neue Position anpassen und überlegen, was hier verlangt wird. Welche Fähigkeiten sind vorhanden und welche fehlen? Man versucht herauszufinden, warum jemand befördert werden will und was er oder sie davon hat. Wichtig sind der Lebenslauf und die Vorbereitung auf das Vorstellungsgespräch. Neue Führungskräfte profitieren besonders bei der Eingewöhnung von Unterstützung. Oft sind sie für große Teams verantwortlich und mit den Anforderungen ihrer neuen Rolle, in der es wichtiger ist, wer und wie man ist, als was man tut, meist alleingelassen.

Entlassung/Versetzung an einen anderen Arbeitsplatz: In diesen Situationen brauchen die Betroffenen nicht nur die bisher beschriebenen Formen von Unterstützung, sondern auch in ihrer Auseinandersetzung mit Emotionen wie Wut, Traurigkeit und Schock benötigen sie Hilfe sowie bei der Stärkung des Selbstwertgefühls und des Selbstvertrauens. Oft übt der Arbeitgeber Druck aus, dass sie schnell eine neue Stelle finden, besonders im Fall von Umstrukturierungsmaßnahmen, wo dem Unternehmen daran gelegen ist, dass ihre „Ressource" möglichst gewinnbringend eingesetzt wird.

Selbstständigkeit und Freiberuflichkeit: Coaching kann bei der Entscheidung helfen, ob dies überhaupt eine Option ist; es kann helfen, Kompetenzlücken aufzudecken und herauszufinden, wie man anschließend die Übergangs- und Umgewöhnungsphase erfolgreich bewältigt.

Rückkehr nach einer beruflichen Auszeit: Hier geht es wieder darum, die eigenen übertragbaren Fähigkeiten zu kennen und in Erfahrung zu bringen, welche Möglichkeiten einem offenstehen. Darüber hinaus besteht meist auch ein Bedürfnis nach mehr Selbstvertrauen und Selbstsicherheit.

Ruhestand: Je besser man auf diese enorme psychische und physische, aber doch auch positive Veränderung vorbereitet ist, desto besser kann man sich anpassen und das Beste daraus machen. Wie die Coachees diesen Schritt empfinden, hängt jedoch immer auch davon ab, ob er auf eigenen Wunsch erfolgt oder von der Organisation vollzogen oder im Zuge einer durch Krankheit oder Behinderung hervorgerufenen Berufsunfähigkeit erfolgt ist. All diese Umstände wirken sich natürlich auch auf das Coaching aus.

2.2 Die Phasen des beruflichen Veränderungsprozesses

Abbildung 2.1: Übergangsphasen im Beruf

Abbildung 2.1 zeigt die Momente einer Übergangsphase, an denen Coaching eine entscheidende Rolle spielen kann. Doch worin bestehen die Herausforderungen in jeder einzelnen Phase dieses Prozesses, was gilt es jeweils zu tun?

- *Phase 0 – Verarbeitung:* starke Emotionen wie Wut, Schock, Abwehr, Traurigkeit, Trauer, Verzagtheit
- *Phase 1 – Abwägen der Optionen und Entscheidung:* Auswahl erweitern, Annahmen infrage stellen, eine Vision kreieren, Talente herausfinden, Ziele setzen
- *Phase 2 – Vorbereitung und Suche:* Lebenslauf und Vorbereitung auf Vorstellungsgespräche, netzwerken, persönliche Markenkennzeichen definieren und „Terrain abstecken", Selbstvertrauen und Glaube an sich selbst

- *Phase 3 – Neue Tätigkeit/Existenzgründung:* Vorbereitung auf die ersten 100 Tage; unternehmerische und persönliche Vision und Ziele
- *Phase 4 – Die ersten Monate der Einarbeitung/Umgewöhnung:* Erfolge, Herausforderungen, eine andere Identität, ein neuer Stil, neue Herangehensweisen und Fähigkeiten kristallisieren sich heraus, Anpassung an neue Gegebenheiten

2.3 Wie können Sie den Betroffenen bei ihrem Veränderungsprozess helfen?

Es folgt eine Übersicht über die in den nächsten Kapiteln erläuterten Ansätze und Methoden für die einzelnen Etappen beruflicher Übergänge. Sie stammen aus meinem eigenen Erfahrungsschatz sowie aus dem anderer Übergangscoachs und können Ihnen in Ihrer Arbeit mit Klienten hoffentlich nützlich sein.

Phase	Ansätze und Methoden
0. **Verarbeitung:** starke Emotionen wie Wut, Schock, Abwehr, Traurigkeit, Trauer, Verzagtheit	Die Veränderungskurve von Kübler-Ross (2001), Prochaskas (1997) sechs Stadien der Veränderung, der Wandlungsprozess nach William Bridges (2009), frühere Erfolge überdenken, zuhören, sich einen Spiegel vorhalten, Reframing, Metaphern
1. **Abwägen der Optionen und Entscheidung:** Auswahl erweitern, Annahmen infrage stellen, eine Vision kreieren, Talente herausfinden, Ziele setzen	Visionen entwickeln, Traumzukunft, berufliche Zufriedenheitsfaktoren, Wertedefinition, Zielsetzung, Clean Language, Logische Ebenen, Psychometrie und Persönlichkeitsprofile, Lebensrad
2. **Vorbereitung und Suche:** Lebenslauf und Vorbereitung auf Vorstellungsgespräche, netzwerken, persönliche Markenkennzeichen definieren und das „Terrain abstecken"	SWOT, Arbeitsrad, Informationsquellen, Identitätsveränderung, Logische Ebenen, Vorbereitung von Vorstellungsgesprächen, Rollenspiele, kognitiv-behaviorales Coaching, Visualisierung, Verankerung, Entscheidung

Phase	Ansätze und Methoden
3. Neue Anstellung / Existenzgründung: Vorbereitung auf die ersten 100 Tage; unternehmerische und persönliche Vision und Ziele	100-Tage-Plan, SWOT, Prioritäten-Ranking, Analyse aller Beteiligten, Logische Ebenen, Assessment der Firma, des Teams, der Person
4. Einarbeitung / Umgewöhnung in den ersten Monaten: Erfolge, Herausforderungen, neue Identität und Stil, neue Herangehensweisen und Fähigkeiten kristallisieren sich heraus, Anpassung an neue Gegebenheiten	Kübler-Ross-Veränderungskurve, Hierarchie der Führungsebenen, Programme für junge Führungskräfte, die sieben Managertypen, Zeitachse, Verlernen, Logische Ebenen, Identitätsveränderung

Tabelle 2.1: Ansätze und Methoden für berufliche Übergangsphasen

So stellt sich für die Coachin und Autorin Karen Williams (2011) der Ablauf des Prozesses dar:

- Telefonische Anfrage und Verabredung eines „Coaching-Pakets" – in der Regel drei Monate bzw. sechs zweiwöchentliche Sitzungen
- Vertrag abschließen, „Berufsrad" fertigstellen, Ziele bestimmen
- Werte und Überzeugungen abklären und ggf. dazu coachen
- Einen Plan erstellen, was zum Ende des Coachings erreicht sein soll
- Auf Wunsch oder bei einer einschneidenden beruflichen Veränderung: SWOT[4] und Fähigkeiteninventur. Im Licht dieser neuen Informationen könnte eine Überprüfung der Ziele notwendig sein.
- Lebenslauf erstellen
- Ist die Art der Tätigkeit klar, Beginn der Stellensuche. Wen kennt der Coachee? Passende Personalvermittlungen einschalten, Netzwerke, Webseiten für die Jobsuche, Publikationen
- Fähigkeiten für das Vorstellungsgespräch
- Persönliche Barrieren wie Selbstvertrauen, Selbstwertgefühl, Glaube an sich selbst
- Falls sich die Dinge nicht wie erwartet entwickeln, erst einmal wieder auf Kurs kommen

---

4 SWOT-Analyse: Strengths (Stärken), Weaknesses (Schwächen), Opportunities (Chancen) and Threats (Gefahren)

2.4 Welcher Coachingansatz passt im Übergangscoaching?

2.4.1 *Der Coachingrahmen*

Auch Übergangscoachs brauchen unbedingt einen übergeordneten Coachingrahmen. Hier sind vielleicht Ansätze geeignet, die Sie ohnehin nutzen, wie z. B. GROW (Goal, Reality, Options und Will; Whitmore, 2011) oder CLEAR (Contract, Listen, Explore, Action und Review; Hawkins & Smith, 2006). Viele Outplacement-Agenturen verwenden allerdings Eigenentwicklungen. Sollten Sie im Auftrag einer solchen Agentur tätig werden, werden Sie wohl auf diese zurückgreifen müssen.

Für berufliche Veränderungen empfehle ich besonders NLP, den Gebrauch von Metaphern und vor allem die Logischen Ebenen von Robert Dilts (Dilts & Delozier 2000). Insbesondere Letztere haben mich stark beeinflusst und sind deshalb eine wichtige Grundlage für dieses Buch. Im Folgenden erfahren Sie, wie Sie sie ins Übergangscoaching integrieren können.

2.4.2 *Neurolinguistisches Programmieren (NLP)*

NLP liebt man oder man hasst es, je nachdem welche Erfahrungen man damit gemacht hat (Bandler & Grinder, 2011). Es gibt viele hervorragende NLP-Trainer und -Therapeuten, die überzeugt davon sind und sich selbst und andere damit stärken. Doch hat dieser Ansatz auch etwas „Glamouröses“ oder „Sektenhaftes“ an sich, das manipulativ und schädlich anmutet und es manchmal auch ist.

Ich selbst habe nur positive Erfahrungen mit NLP gemacht. Es hat mir sehr viel Energie gegeben, mein Leben verändert und mich dazu befähigt, mich selbstständig zu machen und meine Beziehungen zu den mir wichtigen Menschen zu verbessern. Auch meine Coachees konnten dadurch besser mit anderen Menschen umgehen und all die Dinge bewältigen, die das Leben einem manchmal „um die Ohren haut“. Eine meiner Klientinnen, die von der Freiberuflichkeit in eine leitende Anstellung überwechselte, drückte es so aus:

„Ich bin mir meiner selbst bewusster, auch selbstsicherer, und ich habe mehr Zeit. Durch das Coaching mit Caroline habe ich verstanden, dass ich für all meine beruflichen und privaten Probleme einen Weg finden kann, mit ihnen umzugehen. Ich verfüge [...] über eine Methodensammlung von unschätzbarem Wert, durch die ich jetzt produktiver und fähiger bin."

Sue Knight, bei der ich meine Ausbildung zur Business-Coachin machte, definiert es als „den Unterschied, der einen Unterschied macht" (Knight, 2009). Für mich ist NLP ein „Studium menschlicher Spitzenleistungen", denn es basiert auf der Beobachtung, Erfassung und Entschlüsselung des Verhaltens erfolgreicher Menschen und hat das Ziel, diese „Fähigkeiten" übertragbar zu machen. Ich habe die Anführungszeichen bei dem Wort „Fähigkeiten" bewusst gesetzt, weil Spitzenleistungen mehr mit Überzeugungen und Identität zu tun haben als mit „Fähigkeiten". Letztendlich geht es darum, wie man ein erfolgreiches und glückliches Leben führen kann. Wir lernen bewusst oder unbewusst aus der Erfahrung, und zwar ununterbrochen, ein Leben lang. Mit NLP können wir das bewusster, systematischer, effektiver und entschiedener tun. Stellen Sie sich vor, dass Sie mit Ihrem Vorgesetzten nicht gut auskommen und aus lauter Frust und Ärger kündigen. Was können Sie daraus lernen? Alles Mögliche – Sie haben die Wahl! Sie können sich fragen, in Bezug auf welche Wertesysteme und Weltanschauungen es zwischen Ihnen Differenzen gab (ich hatte mal einen Vorgesetzten, der eines Tages „aus Spaß" sagte, dass er sich als Sklaventreiber und sein Team als Sklaven sah!); Sie können sich nach einer Organisation umsehen, deren Werte besser zu Ihren passen (vielleicht ein Unternehmen auf dem sozialen Sektor); oder Sie könnten die Erfahrung für sich „neu rahmen", d.h.: die „positive Intention" darin ergründen. – Vielleicht ist Ihnen die Wichtigkeit Ihrer Werte bewusst geworden und dass Sie nun die Chance haben eine Arbeit zu suchen, die Sie wirklich *gern* tun und die mehr für Sie ist als reiner Broterwerb. Sie können sich für *diese* Erkenntnis entscheiden oder für eine potenziell schädliche: „Ich tauge nichts", „Ich bin schwach und ein hoffnungsloser Fall", „Nun werde ich nie mehr einen anderen Job finden."

Für mich ist NLP eine Lebensart und ein sehr wirksames Werkzeug, mit dem man sich selbst und andere zu Höchstleistungen bringen kann. Ich verwende es sowohl bewusst als auch unbewusst, z.B. für die Vorbereitung auf Coachingsitzungen oder Zusammenkünfte. Ganz bewusst wähle ich NLP-Techniken, um mich geistig auf etwas einzustellen oder um einen negativen oder nicht hilfreichen Gedanken zu „reframen". Wenn ich zum Beispiel auf jemanden treffe, der sich negativ und defensiv verhält, bin ich spontan vielleicht geneigt, ebenso negativ und ablehnend zu reagieren. Doch dann reframe ich die Situation und frage mich, was wohl zu dem Verhalten der anderen Person geführt haben mag. Ich zeige Empathie und versuche, die Dinge von einem anderen Standpunkt aus zu betrachten. Dies bewirkt womöglich auch im Verhalten der anderen Person eine Veränderung.

Wie jedes Werkzeug sollte man auch dieses mit positiver Absicht anwenden. Für diejenigen, die keine NLP-Ausbildung gemacht haben, stelle ich praktische Techniken für Coachingsitzungen vor – auch für Ihr Selbstcoaching! Um damit zu arbeiten, brauchen Sie nicht unbedingt eine NLP-Ausbildung. Überhaupt werden Sie feststellen, dass Bücher über Coaching viele Ansätze und Techniken enthalten, die offiziell zum NLP gehören, aber nicht immer diese Bezeichnung tragen. So enthält *Performance Coaching* von McLeod (2008) viele nützliche NLP-Ansätze. Andere Autoren hingegen drücken sich weniger klar aus und schreiben etwa: „Fokussieren Sie Ihre Coachees auf das, was sie wollen, mit anderen Worten ‚setzen Sie Ziele' und ‚bleiben Sie auf Kurs'" (Starr, 2008). Die Modelle GROW (Whitmore, 2011) oder CLEAR (Hawkins & Smith, 2006) beginnen mit der Entwicklung einer starken Vorstellung der Ziele, in der Art des „wohlgeformten Ziels" im NLP (engl.: WFO: „well formed outcome"; O'Connor & Seymour, 2013).

Im NLP denkt man statt „weg von" lieber „hin zu" (Knight 2009). Der erste Denkmodus erfolgt oft automatisch und ist auch verbreiteter als der zweite. In manchen Berufszweigen wie z. B. dem Maschinenbau oder bei Wirtschaftsprüfern wird diese Fehlersuche geradezu trainiert. Menschen, die von Natur oder vom Beruf aus lieber „weg von" denken, können sich nur schwer auf das konzentrieren, was sie eigentlich wollen, und reden viel mehr über das, was sie *nicht* wollen. Meist wird ihnen das erst bewusst, wenn man sie darauf aufmerksam macht.

Falls Sie tatsächlich ein negatives NLP-Bild haben, würde ich Sie jetzt genau um das bitten, worum Sie Ihre Coachees bitten würden: Bleiben Sie offen, verwenden Sie die Techniken ohne Vorbehalte und beurteilen Sie sie anhand der Ergebnisse. Gegenüber Ihren Coachees brauchen Sie die Techniken nicht näher zu bezeichnen – tun Sie's einfach!

Lassen Sie sich von den Literaturverweisen in diesem Kapitel zum Weiterlesen anregen oder nehmen Sie, wenn Sie neugierig geworden sind, an einem Kurs teil. Sollten Sie das bereits gemacht haben, sind Sie bestens informiert und ich brauche Sie gar nicht zu überzeugen! Für Sie wird dieses Buch Strategien und Ansätze bereithalten, die sich besonders für berufliche Veränderungsprozesse eignen.

Beginnen wir auf einer der (neuro-)logischen Ebenen mit einer sehr vielseitigen Strategie, die sich in ganz verschiedenen Situationen anwenden lässt. Es geht darum, wie Sie Ihre Coachees schnell und gründlich kennenlernen können.

2.5 Logische Ebenen: Lernen Sie Ihre Coachees kennen

2.5.1 *Was für eine Strategie ist das und warum funktioniert sie?*

Sie werden feststellen, dass ich diese bemerkenswerte Strategie in allen Phasen des beruflichen Veränderungsprozesses verwende, beispielsweise um herauszufinden, nach welchem Stil eine Führungskraft verfährt, an welche Werte sie glaubt, wie sie diese in Bezug auf ihr Anliegen am besten einsetzt; welche dieser Wertvorstellungen eher hinderlich sind und wie sie zu hilfreicheren finden kann. Das Resultat ist eine ganzheitliche Sichtweise.

Robert Dilts' Modell (Dilts, 1996; Dilts & DeLozier, 2000; Dilts, Grinder, Bandler & DeLozier, 2003) basiert auf der Arbeit des Anthropologen Geoffrey Bateson (1985). Was seinen Reiz ausmacht ist, dass es verständlich und außerordentlich wirksam ist. Damit können Sie gemeinsam mit Ihren Coachees nicht nur den offensichtlichen Teil des „Eisbergs" in Bezug auf Umgebung, Verhaltensweisen und Fähigkeiten erkunden, sondern auch den verborgenen Anteil, d.h. die Wertvorstellungen, Überzeugungen, höheren Ziele und die Identität – eben alles, wovon die Dinge an der Oberfläche beeinflusst und angetrieben werden.

Frei nach Albert Einstein: Sie können ein Problem nicht mit derselben Denkweise lösen, die es verursacht hat. Um z. B. Verhaltensweisen und Fähigkeiten zu ändern, müssen Sie mit Ihren Coachees auf der Ebene ihrer Werte und Überzeugungen arbeiten, ansonsten bleiben die Veränderungen oberflächlich (siehe Abbildung 2.2).

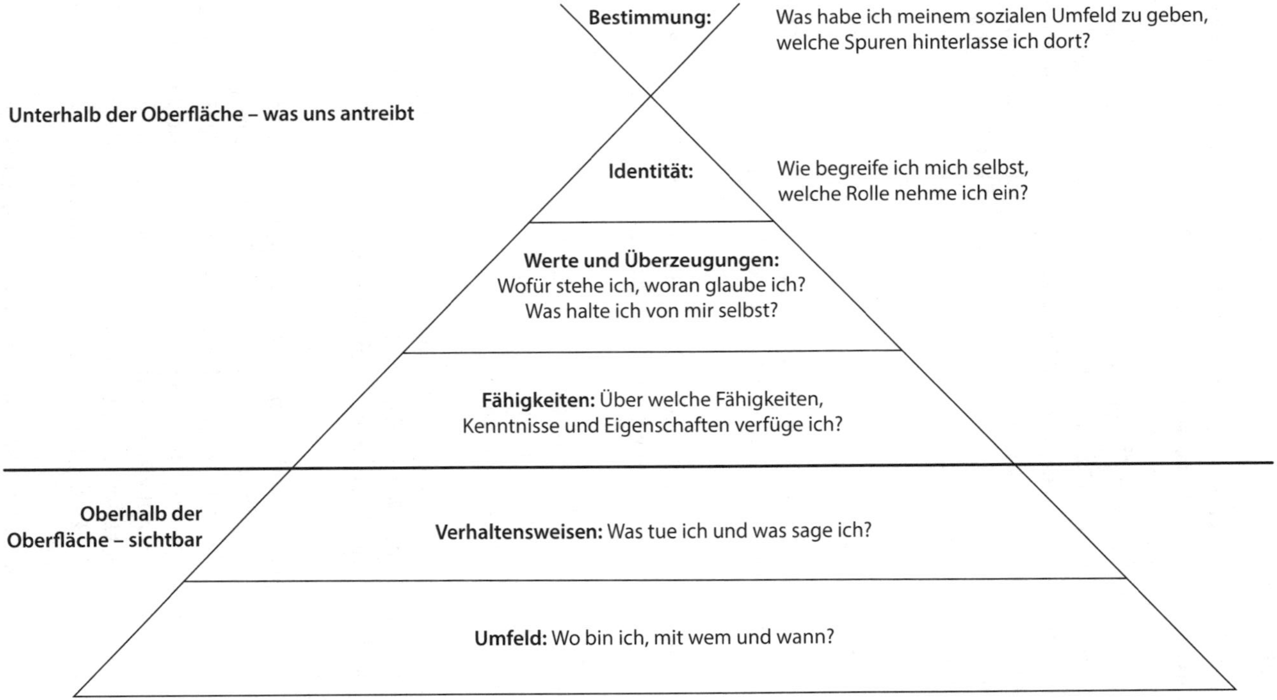

Abbildung 2.2: Logische Ebenen – nach dem Modell von Robert Dilts

2.5.2 Überblick

Erklären Sie Ihren Coachees als Erstes, dass das, was sie gleich mit ihnen machen werden, helfen soll, sie und die Dinge, die ihnen wichtig sind und die sie brauchen, besser und schneller zu verstehen. Und dass Sie ihnen eine bestimmte Abfolge von Fragen stellen werden, die klären, was sie zu Ihnen geführt hat und wonach sie suchen. Zeigen Sie ihnen Abbildung 2.2 und beschreiben Sie nacheinander alle Ebenen, beginnend mit der Ebene der Umwelt. Manche Antworten werden die Coachees schon kennen, doch erwartungsgemäß werden sie auch neue Erkenntnisse gewinnen und so das Beste aus ihrem Coaching herausholen.

2.5.3 Logische Ebenen Schritt für Schritt

1. Einigen Sie sich auf das Thema für die Arbeit mit den Logischen Ebenen. Es sollte etwas in Richtung „Was ich vom Übergangscoaching erwarte“ sein.

2. Stellen Sie folgende Fragen und variieren Sie sie je nachdem, wie die Antworten ausfallen und wie Sie es für angemessen halten:

   Umfeld
   a. „Was in Ihrem derzeitigen *Umfeld* hat Sie dazu bewegt, zu mir zu kommen?“ („Umfeld“ meint alles, was sich außerhalb der Person befindet – wo sie arbeitet, mit wem und wann.)
   b. „Und in welcher Art von *Umfeld* möchten Sie gern arbeiten?“
   c. „Und in welcher Art von *Umfeld* könnten wir beide am besten arbeiten?“ (Das könnte sich auf den Ort bzw. Raum beziehen, in dem das Coaching stattfindet, oder die Atmosphäre.)

   Verhaltensweisen
   d. „Welche Aspekte von dem, was Sie tun und sagen, hat Sie zu mir geführt?“ Formulieren Sie diese Fragen allgemein und lassen Sie die Coachees bei Bedarf gründlicher darüber nachdenken. Diese Aspekte können mit der derzeitigen beruflichen Tätigkeit zu tun haben oder auch mit einem Berufswunsch, etwa wenn eine 20-Jährige mit dreißig Unternehmerin sein möchte. Das ist das Schöne an diesem Modell – es spült das an die Oberfläche, was den Coachees am Herzen liegt.
   e. „Und womit wollen Sie sich stattdessen beschäftigen?“

f. „Und wie könnte ich mich *verhalten,* was wäre für Sie besonders hilfreich? Was möchten Sie von mir hören? Was soll ich tun?"

Fähigkeiten

g. „Welche Aspekte Ihrer Fähigkeiten, Kenntnisse und persönlichen Eigenschaften haben Sie zu mir geführt?"
h. „Und welche *Fähigkeiten* (Kenntnisse und persönlichen Eigenschaften) suchen Sie bei mir?"

Werte und Überzeugungen

i. „Was ist diesbezüglich wichtig für Sie? Was halten Sie von sich selbst und Ihrer beruflichen Laufbahn? Und vom Coaching?"

Identität

j. „Wie sehen Sie sich selbst? Wie beschreiben Sie sich selbst?" Die Antwort könnte z. B. Ehefrau und Mutter, Lehrer oder Ingenieurin lauten. „Und außerdem?" Fragen Sie weiter, um all die verschiedenen Identitäten Ihrer Coachees herauszufinden und welche ihnen am wichtigsten sind und warum.
k. „Und welche neue *Identität* hätten Sie gern?"

Bestimmung

l. „Was haben Sie Ihrem weiteren Umfeld zu bieten? Welche Spuren würden Sie dort gern hinterlassen? Was möchten Sie, dass man über Sie sagt?"

3. Lesen Sie die Antworten Ihrer Coachees laut vor, beginnen Sie mit der Bestimmung und arbeiten Sie sich Ebene für Ebene nach unten. Sollten Ihren Coachees dabei weitere Dinge einfallen, können Sie sie ruhig hinzuzufügen.

4. Falls es Ihren Coachees schwerfällt, zu antworten, lassen Sie ihnen immer genügend Zeit und ermutigen Sie sie mit der Versicherung, dass es in Ordnung sei, wenn sie nicht sofort antworten, da diese Themen im Lauf des Veränderungsprozess immer wieder aufkommen. Darauf können Sie dann Ihre folgenden Coachingsitzungen aufbauen.

5. Fügen Sie nach dem Gespräch die wichtigsten Punkte in das entsprechende Formular ein (siehe Abb. 2.3), möglichst im Wortlaut Ihrer Coachees, und schicken Sie es ihnen als Arbeitsblatt zur Besprechung.

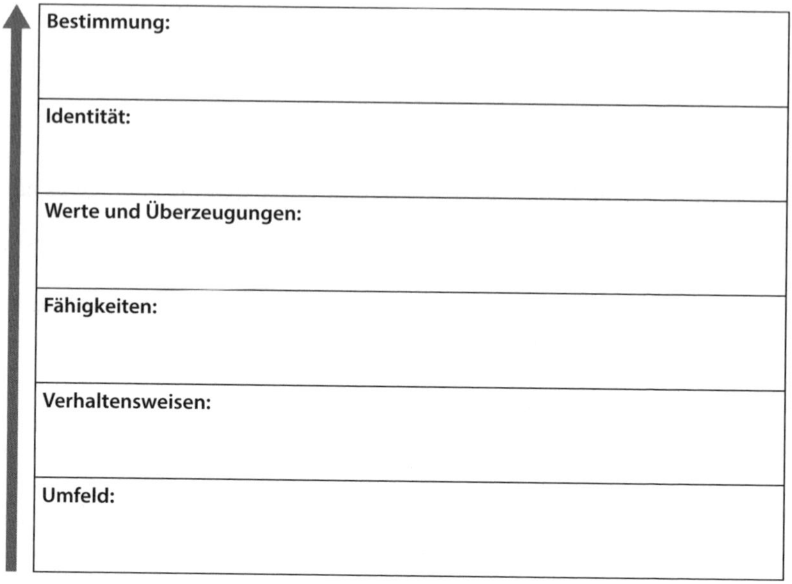

Abbildung 2.3: Logische Ebenen – Vordruck für Coachees

Vorteile

- Optimal, um Coachees schnell zu verstehen und um herauszufinden, an welchen Stellen Sie coachen sollten.
- Schafft eine gemeinsame Basis für das Coaching.
- Sie können das Formular auch zur Entwicklung Ihres eigenen Profils nutzen, das Sie den Coachees zusammen mit dem Vertrag mitgeben, damit sie sich auf die Arbeit mit Ihnen einstellen können.

Nachteile

- Mir fallen wirklich keine ein!

Top-Erfolgstipps

- Bauen Sie ein gutes Verhältnis zu Ihren Klienten auf und gewinnen Sie ihr Vertrauen.
- Lassen Sie ihnen viel Zeit zum Nachdenken und versichern Sie ihnen, dass es nichts macht, wenn Fragen vorerst unbeantwortet bleiben – darum geht es ja beim Coaching: Antworten auf wichtige Fragen zu finden!

Mögliche Probleme

- Die Klienten könnten mit einigen Fragen Schwierigkeiten haben, besonders auf den tieferen Ebenen – lassen Sie ihnen Zeit, sprechen Sie ihnen Mut zu und beruhigen Sie sie.
- Falls es jemandem komisch vorkommt – bitten Sie ihn oder sie, dranzubleiben. Vertrauen Sie Ihrer Erfahrung als Coach zu wissen, was am besten zu tun ist.
- Wenn Sie mit der Übung noch nicht so vertraut sind, machen Sie sie erst einmal selbst und wiederholen Sie sie. Lassen Sie sich ggf. zuerst von jemandem coachen, der oder die schon Erfahrung mit NLP hat.

2.5.4 *Weitere Optionen*

Bitten Sie den/die Coachee, sich einen Ausgangspunkt im Zimmer zu suchen und sich von dort aus physisch von Ebene zu Ebene zu bewegen. Gehen Sie nebenher, damit er/sie das Gefühl bekommt, dass Sie dabei sind und nicht einfach nur Notizen machen und sich vielleicht ein Urteil bilden. Dies empfiehlt sich besonders bei „Aktivisten" (d.h. bei Menschen, die Informationen lieber auf aktive und praktische Weise aufnehmen) oder kinästhetisch Veranlagten (Menschen, die Dinge über den Bewegungssinn verarbeiten statt visuell oder auditiv).

2.6 Mit Metaphern und bildhaften Vorstellungen arbeiten

Warum meine ich, dass diese Technik hilfreich ist? Stellen Sie sich vor, dass Sie einen Text verfassen sollen und Sie diese Aufgabe ein paar Monate lang beschäftigen wird, weil Sie sie neben Ihrer normalen Arbeit und all den anderen Pflichten unterkriegen und das Geschriebene wahrscheinlich auch noch viele Male überarbeiten müssen. Und wenn Sie endlich mit dem Text fertig sind, werden andere ihn kritisieren, sodass Sie ihn nochmals umschreiben müssen!

Oder schauen Sie im Geiste auf ein großes Expeditionsschiff auf hoher See, wie es sich unter dem blauen Himmel mit geblähten Segeln durch die Meereswellen pflügt. Wer weiß, was es alles dort draußen gibt? Exotische

Orte – farbenfroh anzusehen, voller mysteriöser Geräusche und verlockender Düfte ... Und unbekannte Menschen, die Geheimnisse hüten, von denen Sie noch nicht einmal geträumt haben ...

Was finden Sie motivierender? Falls Sie nicht gerade unter Seekrankheit leiden oder am liebsten zu Hause bleiben – wahrscheinlich die zweite Option! Mit diesem Bild setze ich mich jeden Tag an den Schreibtisch, um dieses Buch zu schreiben. Das ist die Macht der Metapher: Eine potenzielle Sisyphusarbeit verwandelt sich dank einer einladenden Metapher so, dass ich jedes Mal, wenn ich mich an meinen Computer setze, auf die nächste Etappe meiner Reise freue. Das motiviert mich nicht nur zum Schreiben, sondern steigert auch die Qualität des Geschriebenen, weil das, was ich Ihnen als Nächstes erzählen werde, mich mit Begeisterung erfüllt.

Aus diesem Grund halte ich Metaphern im Coaching für sehr wirkungsvoll. Sie können in vielerlei Kontexten verwendet werden und helfen Ihnen und Ihren Coachees, deren „innere Welt" zu verstehen und zu verändern. Nehmen wir als Beispiel einige meiner Coachees aus neuerer Zeit, die über die Hindernisse auf ihrem Weg ans Ziel nachdachten. Einer sah im Geiste eine hohe Mauer. Er schlug ein Loch hinein und brachte sie zum Einstürzen. Eine andere Coachee malte sich aus, wie sie die Hindernisse in einer Art Hürdenlauf übersprang, und eine dritte stellte sich eine Glasscheibe vor, hinter der sich all das, was sie erreichen wollte, fast in Reichweite befand. Manche stellten fest, dass die Hindernisse in ihrer konkreten Vorstellung gar nicht so groß waren und sie einfach um sie herumlaufen konnten!

2.6.1 *Warum es funktioniert*

Mit der Bedeutung und Wirkung von Metaphern haben sich schon viele Menschen beschäftigt: Lakoff und Johnson (1998), der Neuseeländer Psychotherapeut David Grove (Grove & Panzer, 2000) sowie James Lawley und Penny Tompkins (2000), Wendy Sullivan und Judy Rees (2008), Carol Wilson (2007) und Angela Dunbar (2015).

Mit der von ihm selbst entwickelten Methode der „Clean Language" konnte Dave Grove seinen Klienten Metaphern entlocken und damit in einem therapeutischen Kontext weiterarbeiten. Weitere Methoden von ihm sind „Clean Space" und „Emergent Knowledge". Penny Tompkins und James

Lawley nahmen sich an David Groves Ansatz ein Beispiel und „modellierten ihn“ (ein weiterer Begriff aus dem NLP!). Auf dieser Grundlage entwickelten sie ihre eigene Methode, das sogenannte „Symbolic Modeling“. In zunehmendem Maße wird erkannt, wie wichtig Metaphern für das Denken und das Leben überhaupt sind (Lakoff & Johnson, 1998): Wir sprechen ständig in Metaphern. Daher empfiehlt es sich, auf die in der Sprache der Coachees verborgenen Schätze zu achten. Wir „stellen“ Ideen „in den Raum“ und „spielen“ damit. Wir sehen „dunkle Wolken heraufziehen“ oder „Licht am Ende des Tunnels“.

Grove, Tompkins und Lawley entwickelten eine Reihe spezifischer Fragen und Tompkins und Lawley einen strukturierten Prozess, der ihrer Meinung nach optimal funktioniert. Wie gesagt, Sie können mehr über diese Techniken nachlesen und auch Kurse besuchen, aber gründliche Kenntnisse benötigen Sie nicht. Ihren Klienten wird es schon guttun, wenn Sie deren *positiven* Metaphern wahrnehmen, sie darauf aufmerksam machen, sich gemeinsam damit auseinandersetzen und daran arbeiten oder wenn Sie ihnen helfen, neue und bessere zu finden.

2.6.2 *Die Arbeit mit Metaphern*

Durch folgende Fragen können Klienten Metaphern finden und damit arbeiten:

Wenn Sie eine Metapher hören:

- „Was steckt noch hinter ... (wiederholen Sie das Gesagte)?“ Das dient der Bewusstwerdung.
- „Was ist das für ein / eine ... (wiederholen Sie das Gesagte)?“ Das dient der detaillierten Beschreibung.

Oder wenn Ihre Klienten über etwas reden, das Sie wichtig finden, aber greifbarer machen wollen, fragen Sie zuerst:

- „Wie ist denn ... (wiederholen Sie das Gesagte)?“ Das regt dazu an, sich eine Metapher auszudenken. (Allerdings handelt es sich bei dieser Variante, bei der man eine Sache mit einer anderen *gleichsetzt,* eigentlich nicht um eine Metapher, sondern um einen Vergleich!)

Um weiterzukommen und sich auf ein Ziel zu konzentrieren:

- „Und was sollte jetzt möglichst passieren?“ (Im Kontext dieser Metapher.)

Ein Beispiel:

COACHEE: Ich bin einfach total durcheinander. Ich weiß wirklich nicht, was ich tun soll. Ich habe das Gefühl, dass ich in meinem Leben einen Scheideweg erreicht habe.

COACH: Sie haben also das Gefühl, dass Sie in Ihrem Leben einen Scheideweg erreicht haben. Was für ein Scheideweg ist das?

COACHEE: Naja ... ich befinde mich irgendwo im Nichts und kann gar nicht sehen, wohin die Wege führen, immer betrete ich unbekanntes Terrain.

COACH: Und wofür stehen diese verschiedenen Wege?

COACHEE: Also ... einer ist meine derzeitige Arbeit. Ich weiß nicht, was geschieht, wenn ich damit weitermache. Ein anderer ist die Beförderung, um die ich mich laut Meinung anderer bewerben sollte. – Ich weiß gar nicht, ob ich das überhaupt will. Der dritte ist meine Kündigung. Ein anderer Job? Ein Unternehmen gründen? Freiberuflich arbeiten?

COACH: Würde es helfen, alle Wege abzulaufen und herauszufinden, was Sie dort finden?

COACHEE *(begeistert)*: Ja! Wie geht das denn?

Coach: Das könnten wir gleich einmal ausprobieren. In Ihrer Vorstellung können Sie jeden Weg hinunterspazieren und schauen, wohin er führt. Mit welchem möchten Sie gerne anfangen?
(Wenn alle Wege erkundet sind, arbeiten Sie mit der Metapher weiter an der Entwicklung eines Ziels.)

COACH: Und was sollte nun möglichst passieren?

COACHEE: Ich möchte gern selbstbewusst auf dem Weg zum Orchesterdirigenten gehen *(die Option der Beförderung)*. Ich weiß nun, dass ich mir aus ganzem Herzen wünsche, eine Gruppe talentierter Menschen an einen Ort zu führen, wo sie im Einklang miteinander eine komplizierte Komposition auf dem Notenblatt in ein atemberaubendes Meisterwerk verwandeln *(ein Team zum Erfolg führen)*.

Und so gehen Sie mit Ihren Coachees alle Wege der Reihe nach ab. Sie können Ihre Fragen nach dem Modell der Logischen Ebenen gestalten, d.h., erst nach der Umgebung fragen, dann nach dem, was die Coachees tun und sagen, was ihnen daran wichtig ist und so weiter.

Falls Sie mit Clean Language noch keine Erfahrung haben, möchte ich Sie warnen: Verwenden Coachees eine negative Metapher – *gehen Sie ihr nicht weiter nach*, sondern helfen Sie den Betreffenden dabei, die Metapher so zu verwandeln, dass sie positiv wird. Wenn jemand beispielsweise in einem dunklen Tunnel steckt und es am anderen Ende kein Licht gibt, weil es jemand anderes ausgeknipst hat – fragen Sie, wo Ihr Coachee jetzt gerne wäre, oder suchen Sie nach einer Möglichkeit, dort herauszukommen, und gehen Sie davon aus, dass es tatsächlich einen Ausweg gibt. Um eine negative bzw. eine „Problem-Metapher" in eine positive „Lösungs-Metapher" zu verwandeln, können Sie fragen:

- „Und was sollte möglichst statt ... *(wiederholen Sie das Gesagte)* passieren?"

Ich möchte betonen, dass meine Vorschläge zwar auf Clean Language basieren, aber mehr auch nicht. Genauso wenig handelt es sich um das vollständige Format des Symbolic Modeling. Vielmehr sollen sie Ungeübten und Unerfahrenen nur zeigen, wo es langgeht. Und falls Sie bereits damit vertraut sind – verfahren Sie so, wie Sie es gelernt haben.

Die Top-Erfolgstipps

- Konzentrieren Sie sich auf das Positive und das, was Ihre Coachees wirklich wollen. Motivieren Sie sie, negative Metaphern in positive zu verwandeln.
- Lassen Sie Ihre Coachees auf eigene Metaphern kommen und drücken Sie ihnen nicht Ihre auf.

Mögliche Probleme

- Es besteht immer die Gefahr, dass man den Coachees die eigene Präferenz des visuellen, auditiven oder kinästhetischen Verarbeitens suggeriert und so ihr Denken „kontaminiert". Achten Sie darauf, dass Ihre Sprache „schlicht" bleibt – fragen Sie nur, wie etwas ist – nicht, wie etwas aussieht, sich anhört oder sich anfühlt (O'Connor & Lages, 2014).
- Manche Coachees tun sich schwer mit Metaphern. Helfen Sie ihnen, indem Sie sie fragen, was sie sehen, hören oder fühlen. Bieten Sie Ihre eigenen nur als letztes Mittel an.

Vorteile

- Metaphern gehören zum Alltag, werden ständig verwendet und sind daher leicht zugänglich.
- Sie konkretisieren Abstraktes und machen es erfahrbar und real, wodurch die Klienten einfacher zu Lösungen finden.

- Metaphern sind etwas, auf das Ihre Klienten leicht zugreifen können, um motiviert zu bleiben und den Durchblick zu behalten.
- Viele Menschen haben Spaß an Metaphern und finden gerne Umschreibungen.

Nachteile

- Manche Menschen haben keinen Spaß an Metaphern, vielleicht weil ihnen so leicht keine einfallen.
- Bei negativen Metaphern sollte man nicht verweilen – verwandeln Sie sie sofort in eine positive Metapher, die ausdrückt, was man *will*, und nicht, was man nicht will.

2.6.3 Metaphern machen kompetent

Üben Sie dies selbst, indem Sie

- in Alltagsgesprächen und beim Lesen (z. B. dieses Buches!) bei sich selbst und bei anderen auf Metaphern achten;
- sich bewusst in Metaphern ausdrücken, wenn Sie etwas erzählen;
- andere, die gerade etwas erzählen, fragen, wie es sich anfühlt, anhört, wie es aussieht …, was zum Verwenden von Metaphern anregt.

Wenn Sie gerne mehr darüber lesen möchten, schauen Sie in die Literaturliste am Ende des Buches. Weitere Informationen finden Sie unter ↗ http://www.cleanlanguage.de.

Zusammenfassung

- Coachees brauchen Ihre Unterstützung in wichtigen beruflichen Übergangsphasen: während der Erstausbildung, bei einem Berufswechsel, einer Beförderung, Entlassung/Versetzung, dem Schritt in die Selbstständigkeit oder Freiberuflichkeit, der Rückkehr in das Berufsleben beziehungsweise dem Ausscheiden daraus.
- In all diesen Phasen gibt es Ansatzpunkte, welche Interventionen Ihren Coachees helfen könnten, schneller und zielgerichteter voranzukommen: sich mit einer aufgezwungenen Veränderung arrangieren, Optionen abwägen und auswählen, sich vorbereiten und suchen, eine neue Stelle finden oder selbst ein Unternehmen gründen, sich in den ersten Monaten auf die neue Situation einstellen.
- Mit NLP können Sie bei beruflichen Veränderungen viel bewirken und verbessern, besonders mithilfe der Logischen Ebenen von Robert Dilts (Dilts & DeLozier, 2000).
- Während einer Übergangsphase dienen die Logischen Ebenen vielen Zwecken. Sie können sie nutzen, um Ihre Coachees besser und gründlicher kennen- und verstehen zu lernen und Ihre Erkenntnisse an sie weiterzugeben. Außerdem können Sie auf diese Weise nach den Metaphern Ihrer Coachees fragen.
- Mit Metaphern können Sie Ihre Coachees motivieren und ihnen zu neuen Erkenntnissen verhelfen.

Als Nächstes wollen wir untersuchen und verstehen, wie die Persönlichkeit sich auf die berufliche Zufriedenheit und den Veränderungsprozess auswirkt und was letzterer für die Psyche bedeutet. Denn der Weg ist immer auch uneben, holprig und kurvig, manchmal geht es richtig zu wie auf einer Achterbahn, das lässt sich nun einmal leider nicht vermeiden. Wenn Sie diese Beulen, Löcher und Kurven verstehen, können Sie Ihre Coachees gut begleiten und ihnen helfen, ihr Ziel so schnell und schmerzlos wie möglich zu erreichen.

3. Zufriedenheit im Beruf, Zeiten des Umbruchs und die psychischen Faktoren

Dieses Kapitel konzentriert sich auf zwei Aspekte der Psychologie beruflicher Veränderungen:

1. Welchen Einfluss die Persönlichkeit eines Menschen auf die Zufriedenheit und Veränderungen im Beruf hat.
2. Wie berufliche Veränderungen sich auf die Betroffenen auswirken, und zwar auf *alle!*

Es soll ihnen helfen, die „normalen" Reaktionen auf Veränderungen wahrzunehmen und gleichzeitig Ihre Klienten als Individuen zu verstehen, damit Sie sie mit den angemessenen Interventionen fördern können. Des Weiteren werden Sie Einblicke in Ihr eigenes Verhalten in der Arbeit mit Klienten gewinnen.

Auf diese Weise können Sie sich besser auf Herausforderungen einstellen, diese bewältigen und Ihren Klienten zu schnellen und leichten Fortschritten verhelfen. Ohne dem greifen Sie womöglich zu Interventionen, die dem oder der jeweiligen Coachee bzw. an dem jeweiligen Zeitpunkt alles andere als guttun. Dann besteht die Gefahr, dass Sie Zeit vergeuden, Ihre eigene und die der Klienten, und vielleicht sogar Ihrer Beziehung schaden.

In Bezug auf das Thema Persönlichkeit ziehe ich entsprechende Forschungsergebnisse heran. Für den psychischen Veränderungsprozess möchte ich Ihnen drei klassische Modelle vorstellen:

1. Die Veränderungskurve nach Kübler-Ross
2. Das transtheoretische Modell – oder Stufenmodell – der Verhaltensänderung nach Prochaska
3. Das Modell persönlichen Wandels nach William Bridges

3.1 Die Persönlichkeit und das Berufsleben: Zufriedenheit und Veränderungen

Stellen Sie sich Clare und Sarah vor. Clare ist extrovertiert, immer mit originellen Ideen beschäftigt, offen für Neues. Sarah ist introvertiert, macht Pläne und weiß gern, was sie in der nächsten Woche tun wird. Wer ist beruflich eher zufrieden, findet Veränderungen kinderleicht oder geht zuvorkommend auf andere Menschen zu? Weiter unten erfahren Sie mehr.

Jeder Mensch ist anders und wer vorhat, sich zu verändern, sollte sich zuerst einmal seiner selbst bewusst werden. Die Persönlichkeit Ihrer Coachees ist zwar keine absolute und unveränderliche Determinante, doch wenn Sie darauf achten, wie sie deren Zufriedenheit und Erleben von beruflichen Veränderungen beeinflusst, können Sie sich beide besser auf potenzielle Probleme einstellen.

Vielleicht haben Sie unter den vielen Persönlichkeitstheorien schon diejenige gefunden, die Ihnen am besten gefällt. Ich möchte Ihnen nun einige wissenschaftliche Modelle vorstellen, die bereits hinlänglich bekannt sind und mit beruflichen Veränderungen zu tun haben.

Drei Forschungsarbeiten (Judge, Higgins, Thoresen & Barrick, 1999; Boudreau, Boswell & Judge, 2001; Seibert & Kramer, 2001) zeigen die Beziehung zwischen beruflicher Zufriedenheit und den sogenannten „Big-Five“-Persönlichkeitsmerkmalen (das Fünf-Faktoren-Modell – FFM):

1. Offenheit (neugierig, fantasievoll, erfindungsreich, unabhängig, die Abwechslung liebend)
2. Gewissenhaftigkeit (ordnungsliebend, besonnen, zielgerichtet, diszipliniert)
3. Extraversion (angeregt durch den Austausch mit anderen, enthusiastisch, gesellig, gesprächig, selbstbewusst)
4. Verträglichkeit (einfühlsam, nachsichtig, vertrauensvoll, hilfsbereit)
5. Neurotizismus (ängstlich, nervös, sensibel, Neigung zu Selbstvorwürfen und emotionaler Labilität)

(Costa & McCrae, 1985; Digman, 1990; John, 1990)

Obwohl diese Ergebnisse im Detail voneinander abweichen, weisen alle auf eine negative Korrelation zwischen der beruflichen Zufriedenheit und dem Neurotizismus hin, die letzten beiden Studien aber auf eine positive Korrelation mit Extraversion.

Zum Teil als Antwort auf Einwände, dass die „Big Five" zwar als verlässlich gelten können, jedoch zu allgemein seien, untersuchten Lounsbury, Loveland, Sundstrom, Gibson, Drost und Hamrick (2003) Persönlichkeitsmerkmale in Bezug auf die berufliche Zufriedenheit. Sowohl ihre Feldstudie als auch ihre Analyse früherer Forschungsarbeiten zu diesem Thema ergaben, dass drei Persönlichkeitsmerkmale durchweg mit beruflicher Zufriedenheit verbunden sind:

1. Emotionale Resilienz
2. Optimismus
3. Einsatzbereitschaft

Diese sind mit einigen Schlüsselbegriffen der Emotionalen Intelligenz verwandt (Goleman, 1997), besonders aber mit Optimismus und emotionalem Management.

Lounsbury und Kollegen schlossen daraus, dass die drei Traits als allgemeine Vorhersage für berufliche Zufriedenheit dienen könnten.

Laut Gattiker und Larwood (1988, 1989) ist berufliche Zufriedenheit ein zentraler Faktor für beruflichen Erfolg: Wollen Sie in Ihrem Beruf Erfolg haben, muss er Ihnen Spaß machen!

Was hat dies aber mit beruflichen Veränderungen zu tun? Emotionale Resilienz, Optimismus und Einsatzbereitschaft sind eben jene Merkmale, die bei bedeutsamen Veränderungen in Beruf und Privatleben motivieren und Kraft geben. Lounsbury und andere auf diesem Gebiet Forschende erwähnen explizit, dass diese mit der Anpassung an viele verschiedene berufliche Aufgaben, Veränderungen, Stress und Ungewissheit verbunden sind. Umgekehrt ist Neurotizismus nicht gerade sehr hilfreich im Umgang mit Ungewissheit, etwa bei der Stellensuche oder der Existenzgründung.

Karen Williams von *Self Discovery Coaching* kennt dies aus ihrer Arbeitspraxis. So ergeben Persönlichkeitsprofile, die die Coachin nach dem DISG-Modell (Marston, 2002 [1928]) erstellt, dass Klienten mit einer hohen Punktzahl für „S" (stetig), die also auf Sicherheit Wert legen, sich Veränderungen am stärksten widersetzen.

Einen Fragebogen auszufüllen und einen persönlichen Bericht zu erstellen ist hilfreich, aber nicht unbedingt notwendig. Aufmerksame Coachs können die Hauptmerkmale ihrer Coachees auch so in Erfahrung bringen, nämlich einfach indem sie zuhören.

> Und wie geht es Clare und Sarah? Clare begibt sich spielerisch auf die Suche nach neuen beruflichen Herausforderungen, gerät bei Gegenwind jedoch ins Trudeln und benötigt viel Unterstützung, um fokussiert und diszipliniert vorzugehen. Sarah hadert monate- wenn nicht sogar jahrelang, bevor sie sich für eine Veränderung entscheidet, fürchtet sich mehr vor der unbekannten Zukunft als vor den Qualen der Gegenwart. Doch hat sie sich erst einmal für die Suche nach etwas Neuem entschieden, führt sie sie diszipliniert und wohlorganisiert aus. Ihre nächste Prüfung wird darin bestehen, den Stress eines ungewissen Ausgangs ihrer Bemühungen auszuhalten.

Jede hat also an einer anderen Stelle des Veränderungsprozesses ihre Schwierigkeiten. Und welche von beiden wird sich eher an Sie wenden? Weitere Unterschiede werden im Hinblick auf ihre anfänglichen Motive, das Ausmaß der benötigten Unterstützung und die Aspekte der Veränderung auftreten und sie auf unterschiedliche Weise beschäftigen.

Und damit schlagen wir einen eleganten Bogen zum nächsten Punkt.

3.2 Veränderungsmodelle

Es gibt viele Veränderungstheorien und -modelle und sie alle entspringen verschiedenen Kontexten: Changeprozessen in Organisationen, schädlichen Gewohnheiten (z.B. Drogen-, Alkohol- oder Nikotinabhängigkeit) bis hin zu Tod und Sterben. Im Lauf der Jahre haben sich die Anwendungsgebiete dieser Theorien vervielfacht. Da sie sich inzwischen mehr auf allgemeine persönliche Veränderungen beziehen, lassen sie sich ganz einfach auf das Berufsleben übertragen. In allen Kontexten kennzeichnen sich Veränderungsprozesse – egal ob sie selbst gewählt oder auferlegt sind – immer durch bestimmte Phasen, die zum Teil echte Herausforderungen darstellen.

Hier noch einmal die drei Veränderungsmodelle, auf die ich näher eingehen werde:

1. Die Veränderungskurve nach Kübler-Ross
2. Das transtheoretische Modell – oder Stufenmodell – der Verhaltensänderung nach Prochaska
3. Der persönliche Wandlungsprozess nach William Bridges

3.2.1 *Die Veränderungskurve nach Kübler-Ross*

Mit ihrem Modell wollte die Schweizer Ärztin Elisabeth Kübler-Ross (2001) ursprünglich den Prozess erklären, durch den man sich mit dem Tod und der Trauer um einen Verlust auseinandersetzt. Mittlerweile dient es jedoch als Interpretationshilfe für Reaktionen auf einschneidende – sowohl persönliche als auch organisationale – Veränderungen oder Verluste. Change-Management basiert auf Modellen wie diesem. Für unerfreuliche und aufgezwungene Veränderungen gilt die Veränderungskurve nach Kübler-Ross gemeinhin als anerkanntes Modell. Dass man es auch auf heiß ersehnte und vorhergesehene Veränderungen anwenden könnte, davon geht man eigentlich weniger aus. Doch auch eine solche Veränderung kann ja, wenn sie einen unvorbereitet trifft, unerfreuliche Überraschungen mit sich bringen.

So würden Sie von einer Klientin, die gerade entlassen wurde, ohne Weiteres eine negative Reaktion erwarten, und von einer, die gerade befördert oder einen neuen Job gefunden hat, dass sie sich in Hochstimmung befindet. Doch recht oft folgt auf die erste Freude die Art von Gefühl, die sich beim Verlust des Arbeitsplatzes einstellt.

Was ist die „Kübler-Ross-Kurve"?

Im Lauf der Jahre sind viele verschiedene Versionen entstanden, was nicht überrascht, da Elisabeth Kübler-Ross die Kurve eher als eine Art Rahmen ansah und nicht als einen linearen Prozess. Dazu kommt, dass jeder Mensch Trauer und Veränderungen anders erlebt. Es hilft, diesen Rahmen im Kopf zu behalten, damit man mit dem, was man vor sich sieht oder zu sehen erwartet, achtsam umgeht.

Als Erstes werde ich die fünf von Kübler-Ross benannten Phasen vorstellen und sie im Anschluss auf den beruflichen Veränderungsprozess übertragen. Ursprünglich lauten sie: Verweigerung, Wut, Verhandlung, Depression und Akzeptanz. Im Change-Management arbeitet man jedoch nur mit drei Phasen:

- Phase 1: Schock und Verweigerung
- Phase 2: Wut und Depression
- Phase 3: Akzeptanz und Integration

Eine Möglichkeit, das Modell auf positive Veränderungen zu beziehen, zeigt Abbildung 3.1.

Phase 1: Verweigerung

Die Betroffenen verweigern bewusst oder unbewusst die Anerkennung der Veränderung – ein ganz natürlicher Abwehrmechanismus. Vielleicht hoffen sie, dass in Anbetracht der Kündigung die letzte Entscheidung noch nicht gefallen ist oder es sich um einen Fehler handelt. Oder sie ignorieren die Tatsache. Als unsere Abteilung in einen anderen Stadtteil umgesiedelt wurde, gab es einen Kollegen, der den Umzug nicht akzeptierte und sich verweigerte. Wochenlang ging er zum alten Standort und setzte sich an seinen früheren Schreibtisch, obwohl die ganze Etage völlig verödet war und auch nicht mehr geheizt wurde.

Manche Menschen verweilen lange in dieser Phase. Bei aufgezwungenen beruflichen Veränderungen kommt jedoch meist der Moment, an dem man sich der Wahrheit nicht länger gänzlich verweigern kann, spätestens dann, wenn der Schreibtisch geräumt werden muss.

Phase 2: Wut

Wut kann auf unterschiedliche Weise zum Ausdruck kommen. Vielleicht ist sie auf andere gerichtet, auf eine bestimmte Person, oft sogar auf eine nahestehende, oder gegen einen selbst. Sie kann offen herausplatzen oder im Inneren schwelen.

Phase 3: Verhandlung

In dieser Phase suchen die Betroffenen immer hartnäckiger nach Möglichkeiten, ihrem Schicksal zu entkommen. Sie verhandeln, etwa um die Verlängerung ihrer Kündigungsfrist, oder halten intern nach einer anderen Stelle Ausschau. Sie klammern sich an das, was sie haben, und wehren

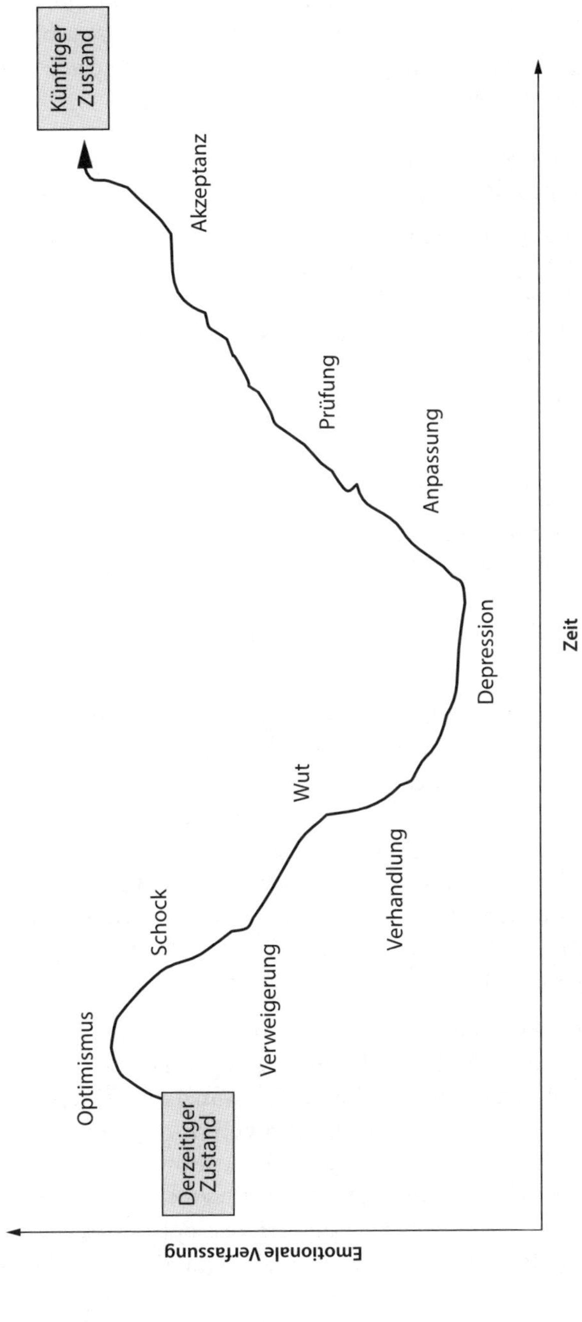

Abbildung 3.1: Die Veränderungskurve nach Elisabeth Kübler-Ross

sich dagegen, es aufzugeben. Sie wollen das Ganze vernünftig betrachten, vielleicht gibt es ja noch Hoffnung, einen Ausweg. Meist geht diese Strategie nicht auf, weil das Beil der Entscheidung bereits gefallen ist und sie keine Kontrolle darüber haben.

Phase 4: Depression

Der Tiefpunkt ist erreicht, wenn die Unabänderlichkeit der Situation ins Bewusstsein gedrungen ist. Der Schweregrad der Depression ist von Mensch zu Mensch unterschiedlich: Unruhe, Selbstzweifel, Traurigkeit, Tränen, Angst, Reue, Unsicherheit, Apathie, Isolation, Entfremdung – alles ist möglich. Im Extremfall kommt es zur klinischen Depression und sogar zum Selbstmord.

Phase 5: Akzeptanz

Mit der Erkenntnis, dass die Veränderung unausweichlich ist, keimt neue Hoffnung auf. Man hat wieder das Verlangen, nach vorne zu schauen; Optimismus, Energie, Motivation und Zielgerichtetheit kehren zurück; man begibt sich auf die Suche nach neuen Möglichkeiten und Chancen.

Abbildung 3.1 zeigt, wie diese Phasen sich während einer selbst motivierten Veränderung, die ja normalerweise mit Optimismus beginnt, abspielen. Bei negativen oder aufgezwungenen Veränderungen fällt die Optimismusphase weg. Als Nächstes setzt Widerstand gegen die Veränderung ein. Auch dieser kann unterschiedlich ausfallen: passiv (man erscheint nicht beim Coaching, setzt vereinbarte Maßnahmen nicht um, wird lethargisch, hält sich mit anderen Dingen beschäftigt) oder aktiv (Weigerung, etwas zu unternehmen, Ablehnung des Feedbacks, unverblümter Ärger, dass man in diese Situation gebracht wurde).

Ich erinnere mich noch gut an die Zeit, wo ich als Organization Development Consultant mehrere Projekte gleichzeitig zu bearbeiten hatte und alles extrem mühsam fand. Als ich anderen einmal die Veränderungskurve erklärte, fiel mir auf, dass sie auch mich betraf – alle Projekte befanden sich an ihrem Tiefpunkt, sowohl die Projektteams als auch die von der Veränderung direkt Betroffenen leisteten den größten Widerstand. Allein durch diese Erkenntnis fühlte ich mich besser, optimistischer und selbstsicherer, um weiterzumachen. Mir war jetzt klar, dass diese Phase unvermeidbar Teil jeder Veränderung ist und ganz sicher vorrübergehen würde, gesetzt den Fall, dass wir unser Ziel weiter verfolgten.

Auch die Länge und der Verlauf der Veränderungskurve sind von Mensch zu Mensch unterschiedlich. Die gute Nachricht lautet, dass Ihr Coaching auf alle Fälle dazu beitragen kann, dass man schnell und glatt durchkommt – ein riesiger Pluspunkt und ein gutes Verkaufsargument für Übergangscoaching!

Im Folgenden erfahren Sie, wie sich die Veränderungskurve im Übergangscoaching bemerkbar macht.

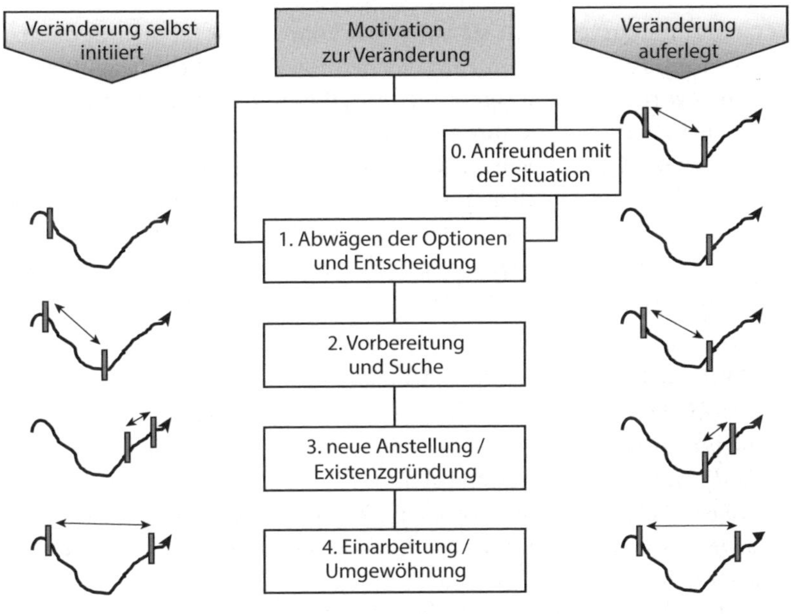

Abbildung 3.2: Berufliche Übergangsphasen und die Veränderungskurve nach Kübler-Ross

Wie man sich in den Phasen einer beruflichen Veränderung am besten verhält

Phase 0: Man arrangiert sich mit der auferlegten Veränderung. Wer gerade von seiner Kündigung oder einer anderen unfreiwilligen beruflichen Veränderung erfahren hat und sich nun von Ihnen coachen lässt, wird sich meist irgendwo auf der linken Hälfte der Kurve befinden und schockiert oder wütend sein oder das Ganze nicht wahrhaben wollen.

Die Verarbeitung dieser Emotionen braucht Zeit und Raum, beim Coaching und außerhalb – daher ist es besonders wichtig, eine gute Beziehung aufzubauen und Empathie zu zeigen, ohne sich in die „Zwangslage" der Coachees zu verstricken oder diese zu bevormunden. Hören Sie aufmerksam zu. Das ist sehr hilfreich. Zeigen Sie und erklären Sie ihnen die Veränderungskurve, damit sie verstehen können, wie sie sich in diesem Moment fühlen und was im Lauf der Zeit wahrscheinlich noch in ihnen vorgehen wird. Vielleicht schwanken sie ständig zwischen verschiedenen Emotionen. Nachdem sie ihrer Wut Ausdruck verliehen haben, kann es sein, dass sie wieder in einen Schockzustand verfallen und sich weigern, sich ihrer Situation zu stellen. Ihre Aufgabe ist es, ihnen einen sicheren Ort zu bieten, an dem sie, wenn sie das möchten, ihre Gefühle zeigen können, und sie auf einen produktiven Weg nach vorn zu schicken. Emotionen anzuerkennen ist gut – sich ausgiebig darin zu suhlen jedoch nicht!

Was Sie sagen und tun können:

- Hören Sie lieber zu, statt Ihre Coachees zu informieren.
- Gehen Sie auf ihre legitimen Emotionen ein, hören Sie zu und zeigen Sie Empathie.
- Erklären Sie die Veränderungskurve.
- Fragen Sie, welche schmerzlichen Verluste Ihr Coachee zu betrauern haben wird, und versichern Sie ihm oder ihr, dass das normal und verständlich ist.
- Welche Verluste werden bei den Coachees *Erleichterung* auslösen? – Denn alles wird doch bestimmt nicht perfekt gewesen sein!
- Fragen Sie, wobei Sie derzeit helfen können.
- Reframen Sie. Dieser Prozess gehört zum NLP-Repertoire. Vereinfacht betrachtet, verändert man dabei die Wahrnehmung des Geschehenen und damit dessen Bedeutung. Wenn Ihre Coachees die Entlassung etwa als Ablehnung ihrer Person interpretieren oder als Zeichen, dass sie „nicht gut genug" sind, ist das langfristig nicht gerade konstruktiv.

Bringen Sie sie deshalb dazu, Dinge anders zu interpretieren und zu benennen. Eine Umformulierung der Entlassung könnte zum Beispiel lauten: „So etwas passiert nun einmal in diesem Gewerbe“, „Zum falschen Zeitpunkt am falschen Ort“ oder „Die Abfindung nutze ich, um endlich etwas zu machen, was ich schon immer einmal machen wollte“ – je nachdem was für sie stimmt und ihnen Kraft und Motivation für die Zukunft gibt.

Phase 1: Abwägen der Optionen und Entscheidung. Ein Klient, der aus eigenem Antrieb zu Ihnen kommt und die Möglichkeit einer beruflichen Veränderung positiv sieht, wird sich wahrscheinlich am Optimismus-Punkt der Veränderungskurve befinden. Mit der Entscheidung zum Coaching hat er schon den ersten mutigen und wichtigen Schritt getan und setzt nun seine ganze Hoffnung auf Sie! Machen Sie sich ein Bild von ihm mithilfe der Logischen Ebenen (Dilts & DeLozier, 2000 – siehe Kapitel 2). Bringen Sie ihn dazu, Ziele zu definieren und sich auf die Reise der beruflichen Veränderung zu begeben – maßgeblich dafür sind die Ansätze in Kapitel 4. Sie können davon ausgehen, dass der Optimismus nicht die ganze Zeit konstant bleibt, da es im Lauf der Veränderungskurve immer auch zu Herausforderungen und inneren Konflikten kommt.

Wem eine Veränderung aufgezwungen wird, der macht sich als Erstes Gedanken über seine Zukunft und trifft diesbezügliche Entscheidungen. Auf diese Weise nähert er sich der Veränderung an und wägt seine Möglichkeiten ab. Nutzen Sie die gleichen Techniken und Ansätze wie oben.

Phase 2: Vorbereitung und Suche. Dies ist wahrscheinlich die größte Prüfung für Coachees (und Coachs), da sie nun wissen, was sie wollen, sich darauf einstellen, die Ärmel hochkrempeln und mit aller Kraft auf ihr Ziel hinarbeiten. Vielleicht müssen sie einige Niederlagen einstecken, etwa wenn sie nicht zum Vorstellungsgespräch eingeladen werden oder unter dem Stress der Existenzgründung leiden (weil sie sich z. B. mit finanziellen Problemen oder komplizierten Rechtsfragen herumschlagen). Vielleicht zeichnen sich inzwischen auch tiefer liegende Themen ab, mit denen man sich auseinandersetzen kann, wie z. B. den eigenen Horizont einschränkende Annahmen (zu enge Vorstellungen, die die Klienten von sich selbst, von anderen oder von Prozessen haben) oder ein Mangel an Selbstbewusstsein. Karen Williams stellt häuft fest, dass – vor allem weibliche – Coachees beim dritten Termin (von sechsen, aus denen ihr Programm normalerweise besteht) emotional sehr aufgeladen oder frustriert sind. Dann sei es hilfreich, über Veränderungsmodelle wie dem von Kübler-Ross zu sprechen.

Sorgen Sie außerdem dafür, dass sie sich auf das Positive konzentrieren, ihre Vision, was sie gemessen an ihren Erfolgskriterien erreicht haben, sowie ihre Stärken und Fähigkeiten. Gehen Sie aber auch auf Problematisches und tiefer liegende Fragen ein. – Wie Sie das am besten tun, erfahren Sie in Kapitel 5.

Phase 3: Neue Tätigkeit / Existenzgründung. Hier geht es um die Anpassung, das Austesten und die Eingewöhnung. In der Regel ist diese Phase von wachsender Selbstsicherheit und Optimismus gekennzeichnet, da man ein Jobangebot bekommen hat oder der aufregende Traum vom eigenen Unternehmen nun wahr wird. Man schmiedet Pläne und malt sich die Zukunft aus. An dieser Stelle werden Sie beide die Früchte harter Arbeit und schwieriger Emotionen ernten – ein Grund zum Feiern! Außerdem werden Sie Rückschau halten, was zu diesem Erfolg geführt hat, damit die Klienten daraus etwas fürs Leben lernen können.

Beispiele: Welche Stärken haben sie entdeckt und entwickelt? Wie stellen sie es an, dass sie ihre Vision im Auge behalten? Mit welchen Strategien können sie resilient bleiben oder Niederlagen verarbeiten?

> Dennoch: Nicht alles ist immer positiv. Bei meinem Klienten Michael war es so, dass er nach dem Angebot einer höheren Position in einer neuen Firma immer mehr positive Seiten an seiner aktuellen Stelle entdeckte und immer mehr negative an seiner neuen. Er hatte viel Zeit und Mühe damit verbracht, Beziehungen aufzubauen, seinen Einfluss bei Vorgesetzten geltend zu machen und Systeme einzurichten, die gerade erst anfingen, Früchte zu tragen und ihm die Durchführung wertsteigernder Veränderungen ermöglichten. Er hatte Angst, in der neuen Firma noch einmal ganz von vorn anfangen zu müssen. Anhand der Veränderungskurve, mit der er bereits vertraut war, wollte er schauen, ob dies nur eine normale Phase des emotionalen Veränderungszyklus war oder ob er wirklich „den schlimmsten Fehler seines Lebens“ begangen hatte, wie er sagte.

Dies ist auch sehr charakteristisch für Bridges' „neutrale Zone“ (siehe unten). Wie es mit Michael weiterging, erfahren Sie in der ausführlichen Falldarstellung in Kapitel 4.

Phase 4: Die ersten Monate in einer neuen Tätigkeit oder Lebenssituation. Und jetzt zurück auf Los! Dazu erzähle ich Ihnen einen Witz: Ein Mann geht zum Vorstellungsgespräch, wird im gläsernen Fahrstuhl in die Chefetage befördert, man serviert ihm Kaffee und die edelsten Erfrischungen aus aller Welt, behandelt ihn wie einen Fürsten. Er bekommt die Stelle und ist guter Dinge. Kann es kaum erwarten. An seinem ersten Arbeitstag will er zum Haupteingang hinein und erfährt, dass dieser nur für Kunden bestimmt sei und er den Hintereingang nehmen solle. Er gelangt nicht zu seiner Etage, weil er keinen Firmenausweis hat, und als er ihn bekommt, lässt man ihn eine halbe Stunde allein in einem schäbigen Foyer sitzen. Irgendwann kommt jemand vorbei und sagt: „Entschuldigen Sie, wir haben nicht gewusst, dass Sie heute kommen würden", und führt ihn in ein kaltes und düsteres Büro am Ende eines öden Flurs. „Ich verstehe das nicht", sagt er. „Beim Vorstellungsgespräch wurde ich wie ein Fürst behandelt." „Stimmt", sagt sein Begleiter, „aber da hatten wir Sie gerade angeworben und jetzt sind Sie bloß angestellt."

Ich gebe zu – ganz so schlimm ist es normalerweise nicht. Es kommt aber vor, dass die neue Tätigkeit oder die neue Firma nicht das hält, was man sich davon versprochen hatte. Und wenn doch, wird man nach einer Anfangsphase des Optimismus und Enthusiasmus von der Wirklichkeit eingeholt, das Schicksal nimmt seinen Lauf – und auch die Lernkurve. Beziehungen müssen aufgebaut, Fähigkeiten erlernt werden. Man gewöhnt sich an einen anderen Arbeitsstil, findet zu einer neuen Identität. Vielleicht setzt nun eine Selbstvertrauenskrise ein oder das „Hochstaplersyndrom" (Clance & Imes, 1978). Letzteres bedeutet: Man empfindet sich irgendwie als unqualifiziert und untergräbt damit erst recht die eigene Kompetenz. Führungskräfte müssen erst einmal Schwerstarbeit leisten und ein neues Team aufbauen. Auch hier coachen Sie durch die Phasen der Kübler-Ross-Veränderungskurve und die praktischen Fragen im Zusammenhang mit der Anpassung an den neuen Status und die neue Identität (siehe dazu Kapitel 7).

Obwohl ich die Kübler-Ross-Veränderungskurve für ausgesprochen nützlich halte, möchte ich noch weitere Ansätze zur Arbeit mit persönlichen Veränderungen vorstellen, da Coachs und Coachees nicht zu allen gleich gut Zugang finden.

3.2.2 Die Stadien der Veränderung nach Prochaska: Das transtheoretische Modell der Verhaltensänderung

Das Modell wurde von James O. Prochaska und Kollegen an der University of Rhode Island in den späten 1970er- und 1980er-Jahren entworfen und 1994 in dem Buch *Changing for Good* (dt.: 1997) veröffentlicht. Es bezog sich ursprünglich auf die Veränderung von gesundheitsschädlichen Verhaltensweisen wie Rauchen oder Fresssucht, wird inzwischen aber allgemeiner verstanden und auch in anderen Kontexten angewendet.

Das Modell umfasst sechs Stadien. Diese verlaufen allerdings nicht linear, sodass man auch zu einem früheren Stadium zurückkehren oder den Veränderungsprozess komplett abbrechen kann.

Auf berufliche Veränderungen lassen sich die Stadien meiner Meinung wie folgt übertragen:

Stadium 1: Absichtslosigkeit (noch nicht bereit zur Veränderung). Die Betroffenen haben eine Arbeit bzw. befinden sich auf einer Position, die ihnen nicht gefällt. Statt eine Veränderung anzustreben, beklagen sie sich und reden nur über diese „Sackgasse" und warum sie in ihr feststecken. Im Coaching können Sie Fragen stellen, um die Hintergründe für diese Annahmen aufzudecken und zu einer neuen Denkweise anzuregen, doch Vorsicht: Zu diesem Zeitpunkt sind Coachees noch nicht bereit für Übergangscoaching (und werden es vielleicht auch nie sein). Manipulieren Sie sie nicht und lassen Sie sich umgekehrt auch nicht von ihnen manipulieren.

Stadium 2: Absichtsbildung (eine Veränderung wird in Betracht gezogen). Nun denkt man langsam über eine Veränderung nach und wägt das Für und Wider ab, ist jedoch immer noch nicht bereit zu handeln. Erzählen Sie Geschichten von erfolgreichen beruflichen Übergängen, einschließlich Ihre eigene, und helfen Sie bei der Überlegung, wie man die Risiken einer Veränderung mindern könnte.

Stadium 3: Vorbereitung (bereit zur Veränderung). An diesem Punkt besteht die Bereitschaft, in den kommenden Wochen aktiv zu werden und darüber zu sprechen. Nun werden die Klienten sich auf das Coaching einlassen, sodass Sie bei ihnen wirklich etwas in Bewegung bringen können. Erklären Sie ihnen, was sie von einem Coaching haben und was Sie konkret mit ihnen vorhaben.

Stadium 4: Aktiv werden. Nun beginnt die eigentliche Arbeit. Nutzen Sie alle Ansätze und Techniken in diesem Buch, um Ihre Klienten zu unterstützen.

Stadium 5: Aufrechterhaltung und Stadium 6: Aufarbeitung / Rückfall. In diesen beiden Phasen hat man sein Ziel erreicht oder wenigstens die nächste Etappe eines langfristigen Vorhabens, etwa in Form einer neuen Arbeit oder einer Beförderung. Da jedoch schon die Beibehaltung der Veränderung einige Anstrengung erfordert, braucht man für weitere Fortschritte innerlichen und äußerlichen Rückhalt.

Die meisten Coachings im Zusammenhang mit beruflichen Veränderungen enden an dem Punkt, wo die Betroffenen eine Stelle gefunden haben, und bei vertraglich befristeter Sitzungszahl schon früher.

Bei Beförderung in eine leitende Position, wo man nicht nur Verantwortung für sich selbst, sondern für ein ganzes Team übernimmt, ist Übergangscoaching vor allem in den Stadien 5 und 6 wichtig. Hier wird auch gern Führungscoaching in Anspruch genommen. Näheres dazu erfahren Sie in Kapitel 7.

Schauen wir uns nun das letzte Modell an.

3.2.3 *Die Bewältigung persönlicher Wandlungsprozesse nach William Bridges*

Nicht Veränderungen an sich seien das Problem, sondern der Prozess der Wandlung, fand William Bridges. Er unterschied zwischen beiden und nach seiner Definition finden Veränderungen äußerlich statt, Übergangsprozesse aber innerlich und auf der psychischen Ebene. Ohne Letztere seien echte Veränderungen nicht möglich. Obwohl er hauptsächlich von Veränderungen auf Organisationsebene sprach, trifft diese Feststellung in gleichem Maße auf die persönliche Ebene zu. Es ist ja schön und gut, wenn Sie eine Stelle als Leiterin finden – sehen Sie sich aber als solche? Ist das Ihre neue Identität? Wie ist es für Sie, dass sie jetzt nicht mehr zum „Fußvolk" gehören? Können Sie diese Rolle loslassen? Paradoxerweise beginnt etwas Neues immer mit einem Ende, einem Loslassen.

Bridges definierte drei Übergangsphasen: das Ende, die neutrale Zone und der Neuanfang.

Phase 1: Das Ende. An diesem Punkt helfen wir unseren Coachees, sich ihre Verluste zu bewusst zu machen und zu verarbeiten, aber auch zu erkennen, was sie in Zukunft gewinnen werden. Man überschätzt meist den Wert und die Vorteile der Dinge, die man verliert, besonders wenn man die Veränderung unfreiwillig vollzieht.

> In dem Film *Truly, Madly, Deeply* trauert Nina über den Tod ihres Freundes Jamie. Sie erinnert sich nur an die innige und liebevolle Verbundenheit und was für ein wunderbarer Mensch er war. Daraufhin kehrt Jamie als „Geist" zurück. Entsetzt über das Benehmen, das er und seine Freunde an den Tag legen, stellt Nina die Erinnerungen ihrer perfekten Beziehung infrage, bis sie sich schließlich davon lösen kann und eine neue Beziehung mit einem „normalen" Mann eingeht.

Phase 2: Die neutrale Zone. Dies ist die Zwischenwelt zwischen dem Alten, das vergangen ist, und dem Neuen, das noch nicht ganz da ist. Hier ereignen sich psychische Anpassungsprozesse, und deshalb ist es wichtig, dass Sie Ihre Coachees bei der Vorbereitung auf ihr neues Leben, ihre neue Arbeit oder ihren neuen Beruf daran hindern, dass sie nicht in ihr früheres Dasein zurückrutschen und das Handtuch werfen. Nichts drückt dies so treffend aus wie der Titel eines Artikels (Plimmer & Schmidt, 2007): „Berufliche Veränderungen und realisierbare Identitäten: Es kommt nicht darauf an, was man machen will, sondern wer man sein will".

Die Gefahr dieser Phase besteht darin, dass man die Gedanken und Verhaltensweisen von Coachees, die aufgeben möchten, als „typisch" oder als charakteristischen Teil ihrer Persönlichkeit missinterpretiert und nicht der neutralen Zone bzw. dem Tiefpunkt der Kübler-Ross-Veränderungskurve zuschreibt. (Noch ein Grund mehr, sich mit den Modellen auseinanderzusetzen!) Was will ich damit sagen? Das Gefühl der Ungewissheit kann einen Mangel an Selbstvertrauen auslösen, wozu eine Coachee normalerweise vielleicht gar nicht neigt. Aber gerade dann ist sie erst recht verunsichert, weil sie das Gefühl nicht kennt. Greifen Sie jetzt nicht einfach zu „Selbstvertrauen stärkenden" Maßnahmen, sondern coachen Sie so, dass der Auslöser für diese Emotion gefunden wird. Wenn die Coachee zur eigentlichen Ursache gelangt, kann sie auch geeignete Strategien für den Umgang mit der Situation entwickeln.

Wenn Sie tiefer gehen und das, was sich an der Oberfläche abspielt, hinterfragen, ist Ihre Kompetenz als Übergangscoach gefragt, weil Ihre Coachees vor allem auch bei dem psychischen Prozess Unterstützung brauchen und nicht nur bei der physischen Veränderung – diese ist nur der leichtere Teil!

Phase 3: Der Neubeginn. In diesem Stadium ist der Übergang in die neue Tätigkeit vollzogen, weshalb eine Definition des beruflichen Veränderungsprozesses für mich die Vorbereitung und Anpassung an die neue Tätigkeit mit einschließt. Daher sollten Klienten die ersten 100 Tage fokussieren und neben den Erfolgen und Herausforderungen in ihrer Arbeitssituation auch aktiv an sich selbst arbeiten.

3.2.4 *Die Veränderungsmodelle auf der Zeitachse*

Damit Sie den zeitlichen Zusammenhang zwischen den Phasen der drei vorgestellten Modelle verstehen, schauen Sie sich einmal Abbildung 3.3 an. Diese entspricht jedoch nicht dem Maßstab – die Verweildauer pro Phase variiert.

Fallbeispiel: Mark

Mark, hochmotiviert und werteorientiert, hatte kürzlich als leitender Angestellter in einer kleinen Firma angefangen. Gegen den Widerstand der Geschäftsführung hatte er neue Strategien zur Marktentwicklung erarbeitet und erhoffte sich davon insgesamt mehr Einfluss und seinen Werten entsprechende Veränderungen. Nach einem mühsam erlangten Konsens stellte er fest, dass der Geschäftsführer und dessen Verbündete mit Verschleppungstaktiken operierten. Nach unserer Situationsanalyse sah er ein, dass er diesen Kampf nicht gewinnen würde, und reichte schweren Herzens seine Kündigung ein.

Mit einem Schlag hatte sich alles, was er sich für die nächsten Jahre vorgestellt hatte, in Luft aufgelöst, seine Tätigkeit, seine Identität, ja sein ganzes Leben. An dieser Stelle klaffte nun ein riesiges Loch. Er trauerte um das, was hätte sein können und was er erwartet hatte ... Ich half ihm, diese Gefühle zu verstehen, indem ich mit ihm über die Kübler-Ross-Veränderungskurve und die Bewältigung von persönlichen Wandlungsprozessen nach Bridges sprach. Nachdem ihm sein Schmerz über den Verlust bewusst geworden war, konnte er akzeptieren, dass er seine Situation erst verarbeiten musste und dass er dafür Zeit brauchte. Er „verhandelte“ aber

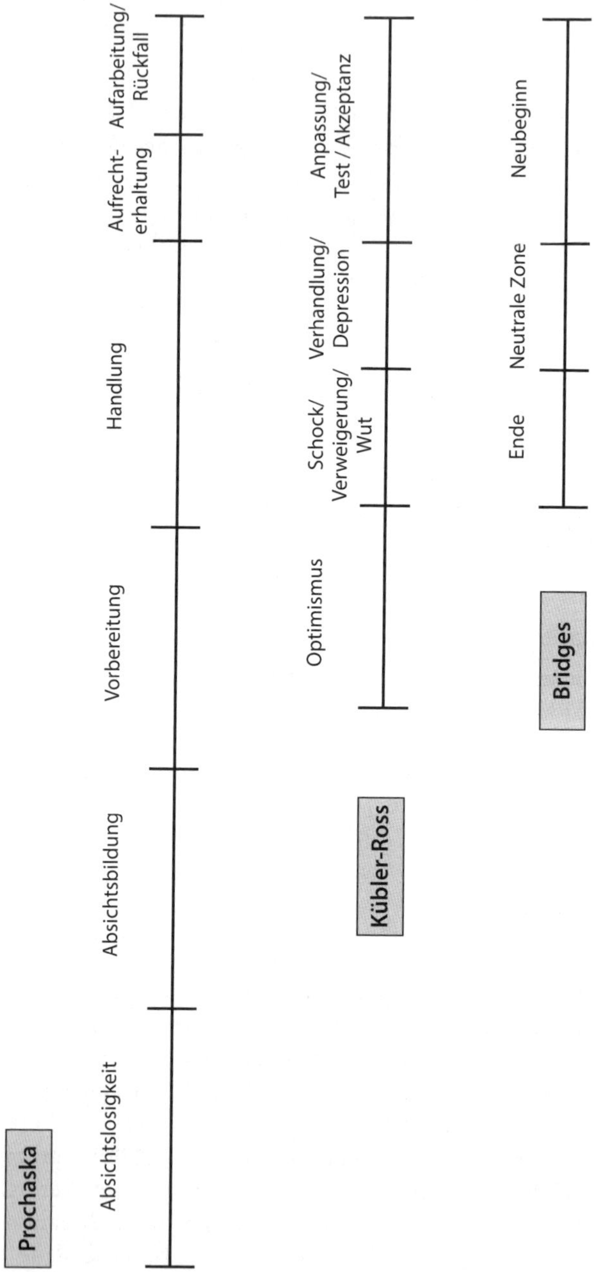

Abbildung 3.3: Veränderungsmodelle auf der Zeitachse

auch und überlegte, wie er doch noch mit jemandem aus dem Vorstand, der seinen Ideen wohlgesonnen war, hinter den Kulissen weiterarbeiten und vielleicht zu einem späteren Zeitpunkt, wenn der Geschäftsführer nicht mehr da wäre, wieder einsteigen könnte.

Die Gespräche über diese Modelle machten ihm außerdem klar, dass er auch in anderen Lebensbereichen einen Wandlungsprozess durchmachte, und diese Erkenntnis verschlimmerte seine Bestürzung und das Gefühl der Niederlage noch mehr. So konnte er die ewige Frage: „Und was machen Sie?" – die ja Ausdruck dessen ist, dass wir uns mehr über das definieren, was wir tun, statt über das, was wir sind – nicht mehr beantworten. Wir schauten uns seine Stärken an, die ihn zum Erfolg geführt hatten, und die wichtigen Dinge, die er in die nächste Lebensphase mitnehmen würde.

Die ersten vorsichtigen Schritte in Richtung Neubeginn passierten, indem er eine umfassende Vision entwickelte, wie sein Leben in sechs Monaten aussehen könnte. Bald schon gelang es ihm, mit der Vergangenheit Frieden zu schließen und Optionen auszuloten, die wirklich seinen Stärken und Werten entsprachen.

3.3 Wann und wie man ein Veränderungsmodell einführt

Persönliche Veränderungen verlaufen nicht linear und halten sich auch nicht an klar definierte Grenzen zwischen einzelnen Phasen. Emotionen sind etwas ganz Persönliches und sie zu verarbeiten dauert unterschiedlich lange. Ihre Intervention sollte jedoch den Veränderungsprozess beschleunigen und den damit einhergehenden Schmerz lindern. Welche Veränderungsmodelle Sie verwenden und in welcher Reihenfolge, hängt von der jeweiligen Konstellation ab, am günstigsten ist jedoch der Moment, an dem Sie bei den Coachees die psychischen Auswirkungen der Veränderung wahrnehmen. Wer seine Arbeit verloren hat und sich neu orientieren muss, wird wahrscheinlich sofort emotional reagieren, wer den Wechsel geplant hat, eher später, etwa wenn Frustration einsetzt, weil der Erfolg auf sich warten lässt. Wenn Sie zu früh darauf eingehen, werden die Betroffenen nicht verstehen, wie und warum das etwas mit ihnen zu tun haben soll. Wenn Sie es hingegen zu spät tun, zeigen sich vielleicht schon Probleme. Und wenn Sie es gar nicht tun, lassen Sie Ihre Coachees im Stich, mit ihren Sorgen und mit dem Gefühl, dass mit ihnen etwas nicht stimmt und sie die Einzigen auf der Welt sind, denen es so geht. Ihre Coachees sollen aber wissen, dass das, was sie gerade durchmachen, vollkommen normal und verständlich ist.

Wenn Sie nicht von einer Person, sondern von einer Firma mit dem Coaching beauftragt werden, sollten Sie sichergehen, dass Sie die Erwartungen Ihres Auftragsgebers auch erfüllen können und dass die Zuständigen mit den Modellen und dem phasenweise fortschreitenden Prozess vertraut sind. Bei vielen Personalleitungen kann man zwar davon ausgehen, doch empfiehlt es sich, die Modelle in jedem Fall im Gespräch vorzustellen. Das hat außerdem den Vorteil, dass sie dann wissen, wie sich die geplante Veränderung auf den breiteren Firmenkontext auswirken wird – vielleicht ergeben sich hieraus auch weitere Geschäftsmöglichkeiten für Sie, wenn Sie mit Change-Management Erfahrung haben.

3.4 Weitere Veränderungsmodelle

Es gibt noch mehr Veränderungsmodelle! Die weiter oben erläuterten sind allerdings für mich und auch andere Coachs die wichtigsten. Falls Sie gerne noch weitere Veränderungsmodelle ausprobieren möchten, hier einige Beispiele:

Fisher (überarbeitet 2012): Das dreizehnphasige Modell für persönliche Veränderungen basiert auf der von George Kelly entwickelten Konstrukttheorie, der zufolge man zuerst die Ansichten und Interpretationen anderer Menschen verstehen muss, bevor man eine Kommunikationsebene finden und eine gute Verbindung zu ihnen aufbauen kann.

Beckhard (1969): Voraussetzung hierfür ist, dass man erstens mit der Gegenwart unzufrieden ist, zweitens eine Zukunftsvision hat und drittens, dass die ersten Schritte zur Verwirklichung klar und machbar sind.

Nicholson (1984): Diese Theorie beschäftigt sich mit Veränderungen bezüglich der Arbeitstätigkeit sowie mit der Beziehung zwischen persönlichen und organisationalen Zielen. Der Autor beantwortet die Frage, wie Zielsetzungen von den Eigenschaften der Person, der Tätigkeit und der Organisation beeinflusst werden und wie sich der Wandel der Anpassungsmuster auf das gesamte Berufsleben auswirkt.

Lewin (1947): Das Modell nach Kurt Lewin umfasst drei Phasen: Lockern *(unfreeze)*, Bewegen *(move)* und Wiederfestigen *(re-freeze)*.

Kotter (1996): Ein Achtschritteprozess zur Durchführung von Veränderungen.

3.5 Das Wechselspiel zwischen Persönlichkeit und Veränderung

Wie hängen diese beiden Faktoren zusammen und wie kann man jeweils unterscheiden, mit welchem man es gerade zu tun hat? Indem man den Coachees zuhört, mit ihnen spricht und eine Beziehung aufbaut, kann man sie kennenlernen und verstehen, wodurch ihr Verhalten und ihre Einstellungen gesteuert werden. Fragen Sie sie einfach, was sie zu Ihnen geführt hat, sowie nach ihrer derzeitigen beruflichen Situation und haken Sie verständnisvoll nach. Achten Sie nicht nur auf das Inhaltliche, sondern auch auf die Erzählweise. Beschleunigen lässt sich dieser Kennenlernprozess durch das im zweiten Kapitel erläuterte Modell der Logischen Ebenen von Robert Dilts. Sie können sich auch nach den Ergebnissen eines früheren Persönlichkeitstests erkundigen oder darum bitten, zu diesem Zweck einen neuen Fragebogen auszufüllen.

Achten Sie auf die Sprache und die Art, wie Ihre Coachees Erfahrungen und Zukunftswünsche beschreiben. Welche Wörter und Formulierungen verwenden sie? Vielleicht tauchen häufiger „müssen" und „sollen" o. Ä. auf, was auf die Identifizierung mit einer Opferrolle hinweisen könnte. Lassen sich irgendwelche Muster in Beruf und Privatleben ausmachen, etwa ob die beruflichen Veränderungen aus eigener Motivation angestrebt oder aufgezwungen werden? Schließen Sie aus der Beschreibung, dass sich bei den Coachees etwas im Verhalten geändert hat? Wie haben sich Veränderungen früher auf Ihre Coachees ausgewirkt? An dem, was gesagt wird und wie es gesagt wird, kann man leicht Zeichen für die „Big Five" (Offenheit, Gewissenhaftigkeit, Extraversion, Verträglichkeit und Neurotizismus) erkennen, doch vergewissern Sie sich, dass Sie die Veränderungsphase der Angst und Depression nicht mit Neurotizismus verwechseln.

Zusammenfassung

- Forschung und Praxis ergeben, dass Persönlichkeitsmerkmale mit der beruflichen Zufriedenheit und den beruflichen Veränderungsprozessen korrelieren. Emotionale Resilienz, Optimismus und Einsatzbereitschaft korrelieren mit positiver Wahrnehmung und positivem Erleben, während Neurotizismus den gegenteiligen Effekt hat.
- Eine berufliche Veränderung bedeutet für die Betroffenen auch psychische Veränderungen, deren man sich als Coach bewusst sein und auf die man sich einstellen sollte. Ihre Aufgabe besteht darin, den Klienten bei der Bewältigung der psychischen Auswirkungen (etwa Wut oder Verlustgefühle) beizustehen und ihnen zu helfen, sie als ganz normal anzuerkennen. Aber auch die praktische Seite braucht Ihre Aufmerksamkeit, etwa in Form einer Bestandsaufnahme der Fähigkeiten oder in dem Entwurf eines Lebenslaufs. Stellen Sie sich außerdem darauf ein, dass auch Sie vom emotionalen Zustand Ihrer Klienten beeinflusst werden.
- Veränderungsmodelle verschiedenen Ursprungs können Ihnen und Ihren Coachees Einsicht in diesen Prozess gewähren. Besonders hilfreich sind: die Kübler-Ross-Veränderungskurve, Prochaskas Stadien der Veränderung und William Bridges Wandlungsprozesse.
- Selbst bei positiven Veränderungen, die aus eigenem Antrieb vorgenommen werden, treten in einigen Phasen des Prozesses schwierige Emotionen auf.
- Ihre größte Geschicklichkeit stellen Sie unter Beweis, wenn Sie den Zeitpunkt und die Art der Interventionen für einzelne Coachees bestimmen: wann Sie zuhören und sich einfühlen oder wann Sie voranschreiten. Sie brauchen die Fähigkeit, tiefer zu gehen als das, was sich an der Oberfläche präsentiert, und zu verstehen, was zum psychischen Teil des Veränderungsprozesses gehört und was eher mit den psychischen Anlagen zu tun hat und vielleicht umfassendere, tiefer greifende Probleme verursacht.

4. Die Entscheidung für einen beruflichen Weg

4.1 Ein ganzheitlicher Ansatz

„Wahnsinn! Ich habe Stunden mit Analysen verbracht und zig Fragebögen ausgefüllt ... Und bei Ihnen weiß ich schon nach einer halbe Stunde, was ich will.“

Ursula

Wie viele Menschen sind mit ihrem Beruf zufrieden? Es ist keine Überraschung, aber doch ein Schock, dass es dem *Chartered Institute of Personnel Development* (CIPD, 2012) zufolge nur 37 Prozent sind. Natürlich hängt das auch mit den jeweiligen Erfahrungen am Arbeitsplatz zusammen, aber auch mit den Entscheidungen, die man zu Beginn und im weiteren Verlauf des Berufslebens trifft. In der Regel beschränkt man sich bei der Berufswahl auf das, was man schon aus dem eigenen Umfeld, etwa dem Freundes- und Familienkreis kennt. Stellenanzeigen in der Zeitung oder im Internet werden per Ausschlussverfahren beurteilt: „Das ist nichts für mich“ (beispielsweise weil es „Büroarbeit“ ist oder weil man sich für unqualifiziert oder nicht intelligent hält). Hier haben wir es mit einschränkenden Überzeugungen zu tun, sowohl den eigenen wie auch denen wohlmeinender anderer. So halten viele die Ansichten ihrer Eltern für wahr, übernehmen sie einfach, ohne sie zu hinterfragen, selbst wenn sie sie davon abhalten, das zu bekommen, was sie gerne hätten und auch verdient haben (Bandler & Grinder, 2011; O'Connor & Lages, 2014).

Menschen bedienen sich natürlich verschiedener Strategien für berufliche Entscheidungen, von denen die Mehrzahl jedoch eher eindimensional und nicht ganzheitlich orientiert ist. So schafft man es auch nicht, zu leben, wie man gerne würde. In Anbetracht dessen, dass unsere Entscheidungen – nicht nur im Beruflichen – oft auf tönernen Füßen stehen und wir das Geschehene hinterher oft rationalisieren (Libet, Elwood, Wright, Feinstein & Pearl, 1979) oder nur reflexhaft handeln (Bohm, 1994), ist das kein Wunder. John Lees (2011) ist der Meinung, dass man mehr Energie in die Erkundung und Nachforschungen stecken sollte als in die Entscheidung. Übergangscoaching ist dazu da, anderen zu einer neuen Denkweise zu verhelfen, nach dem Motto: „Lieber einen guten Handel abschließen, statt einfach das Erstbeste zu nehmen."

„Schon am Anfang das Ende im Sinn haben", lautet die Überschrift für den zweiten Weg in dem Buch *Die 7 Wege zur Effektivität. Prinzipien für persönlichen und beruflichen Erfolg* von Stephen R. Covey (das in der Originalausgabe 1989 erstmals erschienen ist und den Autor 2010 auf die Liste der 25 Top Leadership Gurus [↗ http://www.topleadershipgurus.com] brachte). Man könne in vielen verschiedenen Lebensbereichen nach diesem Prinzip verfahren, sagt Covey, und die Berufswahl sei wichtig fürs ganze Leben und auch für das Image. Wenn Sie wissen, was Sie wollen, werden Sie auch einen Weg finden, wie Sie es erreichen. Wie bei jeder Reise: Wenn Sie nicht wissen, dass Sie nach Colchester wollen, werden Sie auch nicht dort ankommen – und falls Sie doch eines Tages dort landen sollten, werden Sie es auch nicht wissen!

4.2 Ansätze für die richtige Berufswahl

Viele Ansätze wurden schon entwickelt, veröffentlicht und in Büchern behandelt, wie etwa der von John Lees. Manche Outplacement-Spezialisten (wie z. B. Penna oder Connect) haben proprietäre Methoden entwickelt, nach denen sie und ihre festen freien Mitarbeiter verfahren und für deren Nutzung unabhängige Coachs eine Lizenz erwerben müssen.

Die meisten Menschen treffen Entscheidungen ja sowieso auf ihre Art, obwohl sie sich dessen nicht immer bewusst sind (Lees, 2011). Wer aber Hilfe beim Treffen der *richtigen* Entscheidung braucht, dem empfehle ich die folgenden vier Bausteine, mit denen man den Fokus zunächst erweitern und dann auf einen bestimmten Punkt konzentrieren kann.

Wenn man Stephen Coveys Weg folgt und sich von hinten nach vorne bzw. von rechts nach links durcharbeitet, besteht der erste logische Schritt im „Erträumen und Entwerfen einer Zukunftsvision". Also sollten Sie Ihren Klienten zuerst dabei helfen herauszufinden, was sie wollen. Als Zweites steht die Identifizierung der Zufriedenheitsfaktoren an, die Dinge, die über die eigentlichen beruflichen Tätigkeiten hinausgehen und glücklich machen. Der dritte Schritt besteht darin, dass die Coachees ihre Werte ermitteln bzw. diese hinterfragen, um sicherzugehen, dass ihre Tätigkeit mit dem übereinstimmt, was ihnen wichtig ist. Und schließlich müssen sie für sich ein wohlgeformtes Ziel (WFO = Well Formed Outcome) entwickeln (O'Connor & Seymour, 2013), damit sie sich wirklich sicher sind, dass sie alles gut durchdacht haben und wissen, wie sie dort hingelangen.

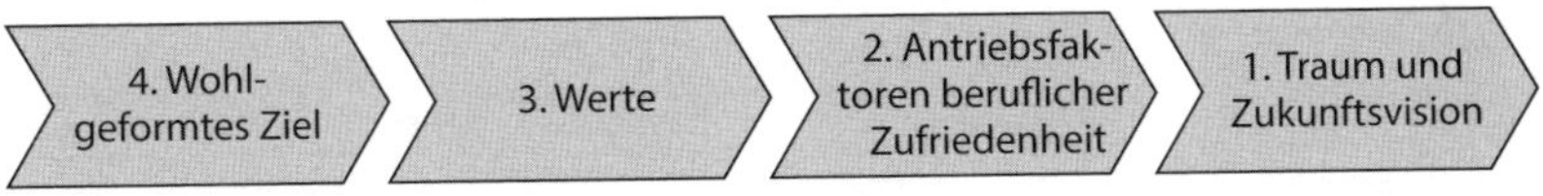

Abbildung 4.1: Schritte zur Berufswahl

Ihre Coachees werden in allen möglichen Stadien ihrer beruflichen Entwicklung zu Ihnen kommen und von unterschiedlicher Mentalität sein. Sie müssen also den passenden Start Ihrer vertragsgemäßen Zusammenarbeit bestimmen – und sich dabei nicht unbedingt an die Reihenfolge von eins bis vier halten. So kommen viele meiner Coachees, die sich Gedanken über ihren nächsten Karriereschritt machen, zu mir, weil sie unzufrieden mit ihrer Tätigkeit oder ihrem Arbeitgeber sind. Die Coaching-Beziehung – und dadurch auch die Coachees – profitieren davon, wenn wir mit den „Antriebsfaktoren beruflicher Zufriedenheit" beginnen, also mit den Dingen, auf denen ihr Fokus liegt und in die sie ihre Energie stecken. Und dies ist ja ein Grundprinzip jedes Coachings: der Energie der Coachees zu folgen.

Auch wenn Coachees behaupten, dass sie schon wissen, was sie tun wollen, und nur Hilfe bei der Verwirklichung brauchen, empfiehlt es sich meiner Erfahrung nach trotzdem, alle oder fast alle Schritte auszuführen, da die wenigsten das, was sie wollen, auch tatsächlich inspirierend und motivierend formulieren. Womöglich decken Sie dabei einige tote Winkel auf. Zum Beispiel kann es vorkommen, dass jemand sich mehr darauf konzentriert, was er nicht will und/oder nur den nächsten Job statt den längerfristigen Verlauf im Blick hat, um sich so einige Monate oder Jahre später am selben Punkt wiederzufinden.

Dieses „Weg-von"-Denken bzw. „tote Winkel" sollten in späteren Sitzungen möglichst thematisiert werden, da sie sich auf den zukünftigen Erfolg auswirken und ihn weniger wahrscheinlich machen (Knight, 2009). Dass Inspiration und Motivation in Übergangsphasen Antrieb geben, müssen Ihre Coachees unbedingt während der Sitzungen mit Ihnen herausfinden.

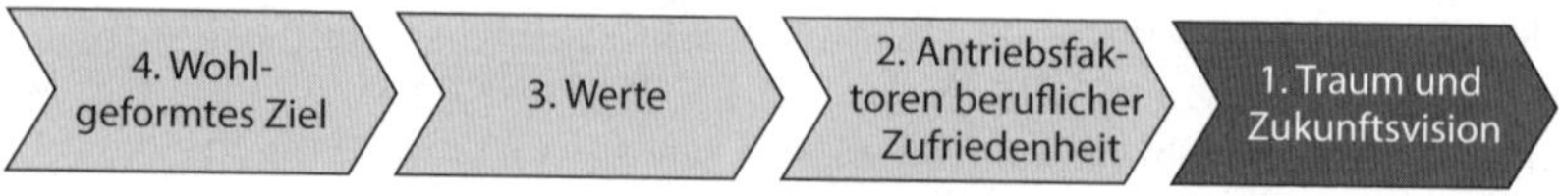

Abbildung 4.2: Schritte zur Berufswahl – Traum und Vision

4.3 Schritt 1: Traum und Vision

Wenn Sie nichts Großes und Aufregendes haben, auf das Sie hinarbeiten können, keine riskanten, hochgesteckten Ziele (Collins & Porras, 2005), dann werden Sie sicher auch nichts Großes und Aufregendes erleben. Fordern Sie Ihre Coachees auf, sich mit all ihren Sinnen für die Chancen zu öffnen, die sich ihnen im Leben und auch im Beruf bieten, oder sich damit auseinanderzusetzen, warum sie welche Wünsche formuliert haben. Am besten geht das, indem man sich nicht nur eine bildhafte Vorstellung davon macht, sondern sich – wie ein Visionär – mit allen Sinnen in das Szenario der erwünschten Zukunft hineinversetzt.

4.3.1 *Wie und warum funktioniert die Zukunftsszenario-Methode?*

Diese in beruflichen wie privaten Kontexten vielseitig verwendbare Methode motiviert und macht Ziele greifbar. Es handelt sich um eine Art „angeleitete Fantasiereise", die zu einer lebhaften Vorstellung dessen verhilft, was man wirklich will (Bandler & Grinder, 2011). Denn um etwas wirklich zu wollen, muss man erst einmal eine Vorstellung davon haben. Je stärker diese ist und je mehr Sinne dabei zum Einsatz kommen, desto stärker auch die Zugkraft und Motivation ihrer Realisierung (Knight, 2009).

Da das Gehirn nicht zwischen wirklichem Erleben und lebhaftem Fantasieren unterscheidet, muss man etwas nicht tatsächlich erlebt haben, sondern es reicht, es sich vorzustellen. Des Weiteren entsteht die Vision aus dem Unbewussten, welches viel stärker motiviert als das Bewusste und immer Wege findet, um Dinge zu erreichen, die der Logik versagt bleiben, besonders mithilfe von Metaphern (Grove & Panzer, 2000). Wie oft haben Sie schon über ein Problem geschlafen und am nächsten Morgen festgestellt, dass die Lösung ganz von allein in der Nacht zu Ihnen gefunden hat? Das war der unbewusste Teil Ihrer Psyche (Gilligan & Dilts, 2013; Rosen, 1991).

Wie positive Affirmationen (Jeffers, 2014) und andere Techniken, die in diesem Buch beschrieben werden, kann auch die Zukunftsszenario-Methode dazu beitragen, dass Coachees ihre Ziele viel besser erreichen können. Wie geht das?

Es gibt keine bessere Art, eine Technik kennenzulernen, als sie „am eigenen Leibe" zu erfahren. Probieren Sie die folgende Übung erst einmal selbst aus, bevor Sie sie bei Ihren Coachees anwenden.

ÜBUNG

Denken Sie an etwas, das Sie noch nie gegessen oder getrunken haben und nun aber unbedingt probieren wollen. Stellen Sie sich vor, dass es sich in Ihrem Mund befindet, jetzt, in diesem Augenblick. Kosten Sie es, spüren Sie es, als ob es wirklich da wäre, schließen Sie die Augen ... Wie schmeckt es? Wie riecht es? Wie ist es beschaffen? Wie fühlt es sich in Ihrem Mund an? Woran erinnert es Sie? Welche Gefühle löst es bei Ihnen aus? Möchten Sie es am liebsten jetzt gleich essen oder trinken? Wie stark ist Ihr Verlangen danach auf einer Skala von 1 bis 10? Sie werden feststellen: Je stärker und sinnlicher die Vorstellung, desto stärker das Verlangen.

Denken Sie wieder daran und genießen Sie es noch einmal – je öfter Sie dies tun und je lebhafter Sie es sich vorstellen, desto schneller fällt es Ihnen ein und desto besser können Sie es sich vorstellen, obwohl Sie es noch nie wirklich probiert haben.

Nicht alle Menschen können sich ihre Zukunft so einfach ausmalen. Falls es Ihnen schwerfällt, beginnen Sie mit der Vorstellung von etwas, das Sie schon *kennen*, und verfahren Sie nach dem gleichen Muster.

4.3.2 *Die Zukunftsszenario-Methode im Übergangscoaching*

Überblick

Beginnen Sie den Prozess, indem Sie Rapport und Vertrauen herstellen und Ihren Coachees helfen, sich zu entspannen. Bei geschlossenen Augen funktioniert dies am besten. Stellen Sie eine Reihe von Fragen zu der Arbeit und dem Leben in der Vision, sodass beides immer detaillierter und wirklichkeitsnaher wird. Bringen Sie Ihre Coachees dann „zurück in den Raum", damit sie die Vision wieder „abschütteln". Je öfter Sie diesen Prozess wiederholen, desto lebhafter wird die Vorstellung und kann dann auch jederzeit willentlich abgerufen werden. Mehr zum Thema NLP erfahren Sie in den in der Literaturliste angegebenen Publikationen sowie in Kapitel 2, wo es um die Vorteile von NLP geht.

Ihre Coachees sollten sich in diesem Stadium noch keine bestimmte Arbeit vorstellen, sondern nur ein Gefühl dafür bekommen, was sie eigentlich tun wollen und wie das dann sein wird.

4.3.3 *Das Zukunftsszenario: Schritt für Schritt*

1. Kommen Sie in Kontakt mit Ihren Coachees, stellen Sie Rapport her.
2. Erklären Sie ihnen, dass dieser Prozess dazu dient herauszufinden, was sie tun wollen, und sich für ihre Ziele zu begeistern. Das gibt ihnen Energie, hält sie motiviert und fokussiert. Sagen Sie ihnen, dass diese Art der Zielfindung anders sein mag als die, die sie vielleicht schon aus vorherigen Coachings kennen. Sprechen Sie über die Macht des Unbewussten.
3. Helfen Sie Ihren Coachees, sich zu entspannen, beispielsweise über tiefes Ein- und Ausatmen, bei geschlossenen Augen alle Körperteile von Kopf bis Fuß bewusst spüren, Muskeln anspannen und locker lassen. Wenn sie bereits Achtsamkeit (Hanh, 2006), Trance (Gilligan, 2014), Hypnose (Erickson & Rossi, 2006) oder Meditation (Yogananda, 2005) praktizieren, werden sie mit dieser Technik vertraut sein und sie relativ leicht finden.
4. Geben Sie während der Übung Anweisungen: „Schließen Sie Ihre Augen, stellen Sie sich vor, was Sie in fünf Jahren beruflich tun werden" [oder welche Frist auch immer Sie jeweils für angebracht halten].

5. „Was geschieht in Ihrer Vorstellung?“ Fordern Sie die Coachees zu einer möglichst lebhaften Beschreibung auf und stellen Sie ggf. zusätzliche Fragen.
   a. „Wo arbeiten Sie? Im Büro oder draußen? Beschreiben Sie diesen Ort, wo er sich befindet, und seine Umgebung.“
   b. „Was tun Sie? Sitzen Sie oder stehen Sie dabei?“
   c. „Wer ist noch alles da? Wen hätten Sie gerne dort?“
   d. „Welche Farben sehen Sie?“
   e. „Wie klar ist Ihr Bild? Machen Sie es noch klarer.“
   f. „Wie groß ist es? Machen Sie es noch größer.“
   g. „Wie weit weg ist es? Holen Sie es näher zu sich heran.“
   h. „Was können Sie hören? Drehen Sie lauter.“
   i. „Was fühlen Sie? Lassen Sie das Gefühl immer stärker werden.“
   j. „Halten Sie das Bild und das Gefühl fest und sorgen Sie dafür, dass es so lebhaft und ausgeprägt wie möglich ist.“
6. „Öffnen Sie die Augen, stehen Sie auf und ‚schütteln Sie es ab‘, gehen Sie im Raum umher und kommen Sie wieder zurück an Ihre Ausgangsposition.“
7. „Stellen Sie sich dasselbe noch einmal vor – mit all Ihren Sinnen. Wiederholen Sie dies bei Bedarf mehrmals.“
8. „Von nun an können Sie diese Vision immer dann abrufen, wenn Sie sich für Ihren selbst gewählten Berufsweg motivieren wollen.“

Die Top-Erfolgstipps

- Entwickeln Sie einen intensiven Rapport, gewinnen Sie das Vertrauen Ihrer Klienten, helfen Sie ihnen, sich zu entspannen.
- Sprechen Sie mit weicher Stimme, in gleichmäßigem Tempo und gleichbleibender Stimmlage, ähnlich wie bei einer Hypnose oder Trance. Falls Sie feststellen, dass Ihre Klienten tatsächlich in Trance fallen, Sie aber keine Erfahrung diesbezüglich haben, verändern Sie den Ton Ihrer Stimme oder fragen Sie etwas anderes, z. B. nach ihrem Befinden. (Falls Sie noch nie eine Hypnose erlebt haben und nicht wissen, wie ein hypnotisierender Tonfall klingt, überlegen Sie, wann Sie schon einmal gedacht haben, dass jemand einen langweiligen Vortrag hält – das war eine nicht intendierte Hypnose!)
- Stellen Sie Fragen und haken Sie ggf. mit weiteren Fragen nach.

Mögliche Probleme

- Manche Menschen haben kein Vorstellungsvermögen und können sich kein Bild von ihrer Zukunft machen. Fordern Sie die Betreffenden auf, an etwas Schönes zu denken, das sie vor Kurzem getan haben, und es im Geiste noch einmal, mit allen Sinnen zu erleben.
- Manche Klienten wollen sich nichts ausmalen. Sie halten nichts von „solchen Albernheiten" oder finden es „zu spinnert". Erzählen Sie, wie und warum es funktioniert, machen Sie zur Veranschaulichung die obige Beispielübung oder warten Sie damit, bis Sie zu den Betreffenden ein engeres Verhältnis haben.
- Ihnen selbst ist es peinlich: Stärken Sie Ihre Überzeugung, indem Sie sich mit einer anderen Coachin zusammentun und sich gegenseitig coachen oder es mit einer Freundin oder Verwandten üben.
- Falls Sie es aus irgendeinem Grund für völlig unangemessen halten, erkundigen Sie sich bei den Coachees zunächst mithilfe logischer Fragen nach ihrer Vision. Vielleicht schafft das eine gute Basis, auf der Sie dann später aufbauen können.

Vorteile

- Sehr effektive Methode, um herauszufinden, was Coachees wirklich wollen.
- Coachees erhalten damit etwas Greifbares, wonach sie streben können und das sie motiviert.
- Eine emotionale Beziehung zum Wunschberuf ist stärker und motivierender als reine Logik.

Nachteile

- Schwierig in einem unternehmerischen Kontext oder mit sehr auf Logik fixierten Coachees.
- Erfordert ein hohes Ausmaß an Vertrauen und einen guten Rapport zu den Coachees.

4.4 Schritt 2: Antriebsfaktoren beruflicher Zufriedenheit

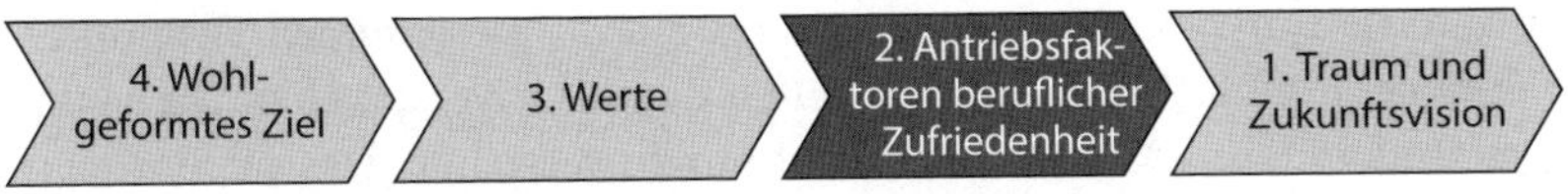

Abbildung 4.3: Schritte zur Berufswahl – Antriebsfaktoren beruflicher Zufriedenheit

Der zweite Baustein – beziehungsweise je nach Coachee der erste – besteht im Erkennen der Faktoren beruflicher Zufriedenheit: Was motiviert Ihre Coachees, welche Seiten einer Tätigkeit machen ihnen Spaß und welche nicht? Häufig beginne ich damit, weil es eine sehr praktische, gute und gefahrlose Art des Beziehungsaufbaus darstellt – ziemlich „rechtshirndominant" (logisch und strukturiert) und es produziert sehr schnelle Ergebnisse, beinahe wie durch Zauberhand.

4.4.1 *Was sind Antriebsfaktoren beruflicher Zufriedenheit?*

Es handelt sich um die Methode, auf die sich das Zitat von Ursula am Anfang dieses Kapitels bezog: Auf schöne und einfache Weise können Sie Ihren Klienten helfen, die Dinge herauszufinden, die sie bei einem Beruf motivieren und die über den eigentlichen Inhalt hinausgehen. Es geht also nicht darum, ob jemand Pilotin oder Krankenpfleger sein möchte, sondern ob sie / er zum Beispiel gerne das Sagen hat, Probleme löst oder Aufregung und Abwechslung bevorzugt. Damit erschließt man eine ganze Reihe von Tätigkeiten, die Freude bereiten, und erfährt außerdem, warum ihnen scheinbar ähnliche Tätigkeiten gefallen oder nicht. Die meisten Menschen haben zwischen drei und sechs Zufriedenheitsfaktoren, in der Regel fünf.

4.4.2 Wozu dienen Antriebsfaktoren beruflicher Zufriedenheit?

Angewendet habe ich sie zum ersten Mal im Rahmen meiner Tätigkeit als interne Entwicklungsberaterin eines global operierenden Großunternehmens. Eine Kollegin und ich halfen damit vielversprechenden Managern und anderen Angestellten, nicht nur zu verstehen, was sie motiviert, sondern auch, wie sie gute, zufriedenstellende berufliche Entscheidungen treffen und so in der Firma bleiben konnten. Auch als selbstständige Coachin arbeite ich seit Jahren erfolgreich mit dieser Methode, und zwar in vielen verschiedenen Kontexten, z. B. bei Menschen, die mit ihrer Tätigkeit unzufrieden sind, aber nicht wissen, was sie als Nächstes tun sollen, oder die über den nächsten Karriereschritt nachdenken. Besonders hilfreich finde ich diesen Ansatz, wenn sich jemand regelmäßig verändert oder immer wieder die Stelle wechselt. Dann nämlich wird offenbar, warum dieses Muster entstanden ist und wie die Betroffenen in Zukunft bessere Entscheidungen treffen können.

Vielleicht fragen Sie sich jetzt, warum ich nicht, wie viele andere Übergangscoachs auch, einfach einen Fragebogen nutze. Es ist aber gerade die Interaktion zwischen Coach und Coachee und es sind die Fragen, die allerhand zuvor unbewusste Informationen ans Tageslicht fördern, die die Technik so wirksam machen. Sie haben so Ansatzpunkte, die beim bloßen Ausfüllen eines Fragebogens wahrscheinlich verborgen geblieben wären. Damit Coachees dort ankommen, wo sie hinwollen, müssen die meisten zu der Ursache tiefer liegender Probleme vordringen. Indem man diese wahrnimmt und darauf aufmerksam macht, werden weitere Erkenntnisse angestoßen, die in den folgenden Coachingsitzungen bearbeitet werden können. Das macht Ihr Coaching tiefgründiger, ganzheitlicher und damit auch wertvoller, als wenn Sie einfach einen Fragebogen vorlegen und ihn anschließend auswerten.

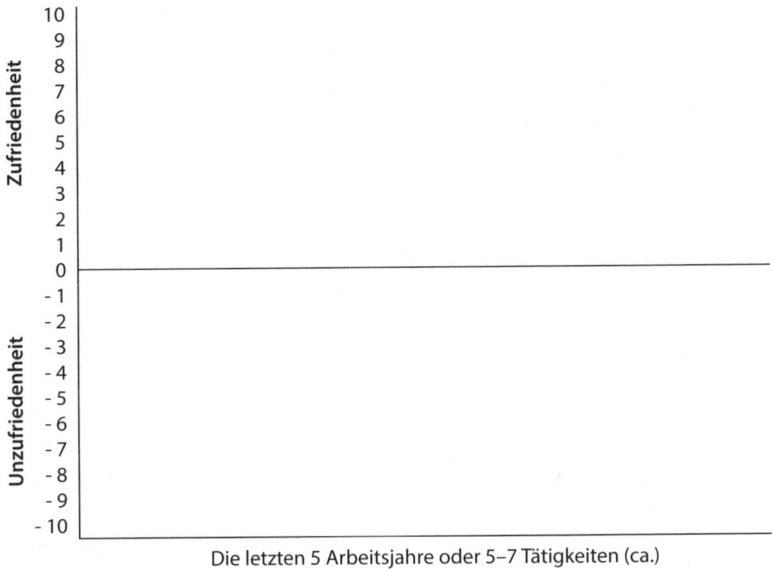

Abbildung 4.4: Die Kurve der beruflichen Zufriedenheit

4.4.3 Überblick

Zeichnen Sie in das leere Diagramm (Abb. 4.4) eine Kurve (von links nach rechts), die den Grad der beruflichen Zufriedenheit des Coachees für die zurückliegenden fünf Arbeitsjahre oder die letzten fünf bis sieben Tätigkeiten abbildet. Alternativ können Sie Ihre Coachees anleiten, die Eintragungen selbst vorzunehmen.

Stellen Sie ihnen Fragen, die offenbaren, was sie motiviert und was nicht, und notieren Sie die Antworten auf einem anderen Blatt. Daraus können Sie die jeweils wichtigen Themen für die Berufsfindung ableiten. Wie bei den anderen Techniken gibt es auch hier keine vorgefertigte „Liste" aller Anreize oder Antriebsfaktoren. Es ist ja gerade das Schöne, dass alle Menschen individuell verschieden sind. Greifen Sie die Begriffe und Wörter Ihrer Coachees auf, damit sie das Gefühl bekommen, wichtig zu sein und selbst Verantwortung zu tragen.

4.4.4 Antriebsfaktoren beruflicher Zufriedenheit Schritt für Schritt

1. Vergrößern Sie die Vorlage für das Diagramm der beruflichen Zufriedenheit (Abb. 4.4) auf Din A4. Außerdem benötigen Sie noch ein leeres Blatt Papier für Ihre eigenen Notizen.
2. Erklären Sie Ihren Coachees den Zweck dieser Übung wie oben angegeben.
3. Bitten Sie sie, an etwa fünf Tätigkeiten zu denken, die sie in den fünf Jahren zuvor ausgeübt haben. Es sollten mehrere sein, damit sich die Themen herauskristallisieren.
4. Bitten Sie sie, ihre Zufriedenheit jeweils mit einer Zahl im Plus- oder Minusbereich zu bewerten. Es kann sein, dass sich die Zahl mit der Zeit verändert, etwa wenn ihnen eine Arbeit zu Anfang sehr viel Spaß gemacht hat, am Ende aber überhaupt nicht mehr. Tragen Sie die Angaben in das Diagramm ein und finden Sie die Ursache für die Meinungsänderung heraus.
5. Fragen Sie, was ihnen an der jeweiligen Tätigkeit gefallen oder missfallen hat und was sie zu ihrer Bewertung bewogen hat, damit Sie sich ein Bild ihrer Vorlieben und Abneigungen machen können. Fragen Sie nach den Gründen für einen beruflichen Wechsel. Da manche unbewusst sind, könnten weitere Fragen notwendig sein. Verlassen Sie sich auf Ihre Intuition und greifen Sie das auf, was wichtig ist. Spiegeln Sie Ihren Coachees die angegebenen Gründe wider.
6. Tun Sie das Gleiche bei allen folgenden Tätigkeiten, zeichnen Sie die Kurve und machen Sie sich Notizen. Bleiben Sie offen: Am Ende werden Sie die Muster erkennen, an denen sich die beruflichen Antriebsfaktoren zeigen.
7. Lesen Sie sich Ihre Notizen durch, nennen Sie den Coachees deren berufliche Antriebsfaktoren und erläutern Sie Ihre Schlussfolgerungen anhand von Beispielen. Fragen Sie Ihre Coachees nach ihrer Meinung und korrigieren Sie sich gegebenenfalls, damit die Antriebsfaktoren auch wirklich stimmen.
8. Sprechen Sie mit Ihren Klienten über ihre Prioritäten. Bitten Sie darum, so weit möglich, die obersten zu nennen.
9. Bitten Sie darum, jeden Zufriedenheitsfaktor der aktuellen Tätigkeit auf einer Skala von 1 bis 10 zu bewerten.
10. Besprechen Sie anschließend die Bedeutung der Erkenntnisse.
11. Schicken Sie die Kurve zusammen mit den Antriebsfaktoren für berufliche Zufriedenheit nach der Sitzung an Ihre Coachees.

Die Top-Erfolgstipps

- Stellen Sie Fragen und haken Sie nach, um noch mehr aufzudecken.
- Fragen, Zuhören und Schreiben sollten simultan erfolgen!
- Halten Sie Ausschau nach Themen und befördern Sie sie ans Tageslicht.
- Wenn Sie noch nicht so vertraut mit dieser Intervention sind, verteilen Sie sie über zwei Sitzungen. Nutzen Sie die erste, um Fragen zu stellen und die Kurve zu zeichnen. Nach der Sitzung lesen Sie dann Ihre Notizen und ermitteln die Antriebsfaktoren, um sie in der folgenden Sitzung zu besprechen.
- Wenn Ihnen das Thema berufliche Zufriedenheit und Motivation noch fremd ist, empfehle ich, dass Sie sich zuvor mit den hier aufgeführten Modellen befassen.

Die Kurve veranschaulicht auf überraschende Weise unbewusste Themen, z. B. die krassen Unterschiede in Bezug auf die Zufriedenheit in verschiedenen Positionen oder in den verschiedenen Phasen ein und derselben Tätigkeit. Auch Ihre Fragen und Beobachtungen tragen zu der Bewusstwerdung der Situation bei, die mit einem Blick auf die Kurve komplett erfasst und richtig eingeschätzt werden kann.

Sie werden feststellen, dass manche Antriebsfaktoren einander widersprechen oder nur bei zweien Unzufriedenheit aufkommt. Mir zum Beispiel ist ein ausgeglichenes Verhältnis zwischen Beruf und Privatleben wichtig, aber auch sinnvolle / lohnenswerte Inhalte. Da meine Arbeit mir so wichtig und wertvoll ist, passiert es, dass mich das manchmal so gefangen nimmt, dass die Balance darunter leidet und ich offen gesagt richtig gestresst bin! Diese Erkenntnis hat mir zu mehr Ausgeglichenheit verholfen, weil ich jetzt weiß, dass meine Zufriedenheit unmöglich in beiden Bereichen bei 10 liegen kann. Ich habe wohl nach dem heiligen Gral gesucht, den es nun einmal nicht gibt!

4.4.5 Fallbeispiel: Ursula

Ursula hasste ihren Job, sie fühlte sich gestresst und nicht ausreichend gewürdigt. Doch war ihr nicht ganz klar, warum dies so war oder was sie stattdessen tun wollte. Ich arbeitete mit ihr an der Kurve der beruflichen Zufriedenheit. Wir fanden ihre Antriebsfaktoren heraus und sie bewertete ihre Zufriedenheit mit jedem einzelnen Faktor im Zusammenhang mit ihrer Tätigkeit:

1. Zu einem Team gehören, zusammenarbeiten – unzufrieden.
2. Konkrete Ergebnisse produzieren – teilweise zufrieden.
3. Kontrolle – unzufrieden.
4. Als vertrauenswürdige Expertin gelten – unzufrieden.
5. Materielle und immaterielle Anerkennung – teilweise zufrieden.
6. Work-Life-Balance – zufrieden.

Es wurde offensichtlich, warum Ursula mit ihrer aktuellen Situation unzufrieden war. Wir sprachen über ihre Optionen. Sie hatte das Gefühl, dass sie mehr Erfahrung auf ihrem Fachgebiet benötigte, bevor sie sich nach einer anderen Stelle umschauen könnte, in der sie die Dinge finden würde, nach denen sie sich so sehr sehnte: Verantwortung, Anerkennung und Kontrolle. Außerdem erkannte sie, dass sie in vielerlei Hinsicht gerne für ihre Firma arbeitete und dies auch weiterhin der Fall wäre, wenn sie es schaffen könnte, wieder so zufrieden zu sein wie zuvor.

Daher beschloss sie, ihre Stelle zu behalten und an einer Weiterbildung teilzunehmen. In der Zwischenzeit würde sie schauen, ob sich die Dinge änderten, und falls sie dies nicht täten, könnte sie dank ihrer neuen Fähigkeiten leichter eine andere Stelle finden.

Doch dann bekam sie eine neue Chefin, die mehr Wert auf Zusammenarbeit legte. Sie honorierte Ursulas Stärken und bot ihr eine andere Weiterbildung an, die noch besser war als die geplante. Außerdem nahm sie sie ernster als ihr vorheriger Chef, der sie immer wie ein Kind behandelt hatte.

So waren viele ihrer Zufriedenheitskriterien wieder erfüllt. Ihre Begeisterung und Zuversicht kehrten zurück, sowohl in Bezug auf ihren derzeitigen Arbeitgeber als auch auf andere Möglichkeiten.

Welche langfristigen Vorteile das Wissen über die eigenen Zufriedenheitsfaktoren mit sich bringt, zeigte sich 18 Monate später noch deutlicher, als Ursula wieder zu mir kam und erzählte, dass jemand sie für einen interessanten Posten abwerben wollte, wo sie all ihre neuen Fähigkeiten und Kenntnisse einsetzen könnte. Und trotzdem wüsste sie nicht genau, was sie wollte. Ich lenkte ihre Aufmerksamkeit wieder auf ihre Faktoren und ließ sie die neue Stelle daraufhin bewerten. Sie gab allen eine hohe Punktzahl, bis auf die Work-Life-Balance, da sich der neue Arbeitsplatz an einem weit entfernten Ort befand und sie all ihre Freunde, ihr ganzes, über Jahre hinweg aufgebautes Sozialleben zurücklassen müsste. Dies vereinfachte die Entscheidung erheblich. Nun brauchte sie sich nur noch zu fragen, ob die Vorteile überwogen und ob sich an ihrer neuen Stelle irgendetwas ändern könnte, das ihre Vorbehalte aus dem Weg räumen würde. Eine Möglichkeit wäre, nur noch an drei Wochentagen ins Büro zu gehen, an zweien aber von zu Hause aus zu arbeiten. Sie fragte an, bekam eine negative Antwort und lehnte das Angebot schließlich ab.

Die Methode hat wirklich eine ganz erstaunliche Wirkung – sie beseitigt Verwirrung, verhilft zu eigenmächtigen Entscheidungen und verbessert das Verhandlungsgeschick. Wenn einem klar ist, was einem am wichtigsten ist, kann man Fehler vermeiden und seine Entscheidungen außerdem besser rechtfertigen, vor anderen als auch vor sich selbst.

4.4.6 Fallbeispiel: Michael

Michael stand kurz davor, eine höhere Position in einer neuen Firma anzunehmen, doch der Gedanke daran machte ihn sehr nervös. Ihm war nicht klar, ob seine Sorge nur Teil der normalen Veränderungskurve war oder ob er gerade einen Riesenfehler beging. Durch meine Fragen wurde ihm bewusst, dass er seinen „inneren Vertrag“ mit dem bisherigen Arbeitgeber aufgekündigt hatte (Wellin, 2007). Er war enttäuscht, sein Vertrauen war zerstört. Seine Entscheidung, den Arbeitsplatz zu wechseln, war also keine logische, sondern eine emotionale gewesen und dafür geißelte er sich nun. Aus seinen Zufriedenheitsfaktoren schlossen wir, dass Sinn und Zweckgerichtetheit ihm viel Antrieb gaben und es ihm an Anerkennung und Wertschätzung fehlte. Ansonsten waren seine Bedürfnisse (er hatte bereits mehrere Profile erstellt, unter anderem auch mithilfe der unten erwähnten Birkman-Methode®) jedoch erfüllt. Er war erleichtert. Noch besser ging es ihm, als ich ihm sagte, dass er bei seiner Entscheidungsfindung bestimmte Antriebsfaktoren zu wichtig nahm, andere dafür vernachlässigte, und es im Grunde lediglich um die Wiederherstellung des Gleichgewichts ging.

Nach unserem Gespräch beschloss Michael, bei seinem Arbeitsgeber zu bleiben – dem auch sehr daran gelegen war. Er versuchte, zu einer Vereinbarung zu kommen, mit der beide zufrieden sein würden. Da die Verhandlungen jedoch nicht zu dem erwünschten Resultat führten und der innere Konflikt weiterging, entschied er, doch die neue Stelle anzunehmen. Er tat dies nun aus einer ganz anderen Position heraus: „überzeugt, professionell und selbstbestimmt“.

Wenn sie einmal bewusst sind, können die Antriebsfaktoren beruflicher Zufriedenheit in vielen Momenten des Arbeitslebens extrem nützlich sein.

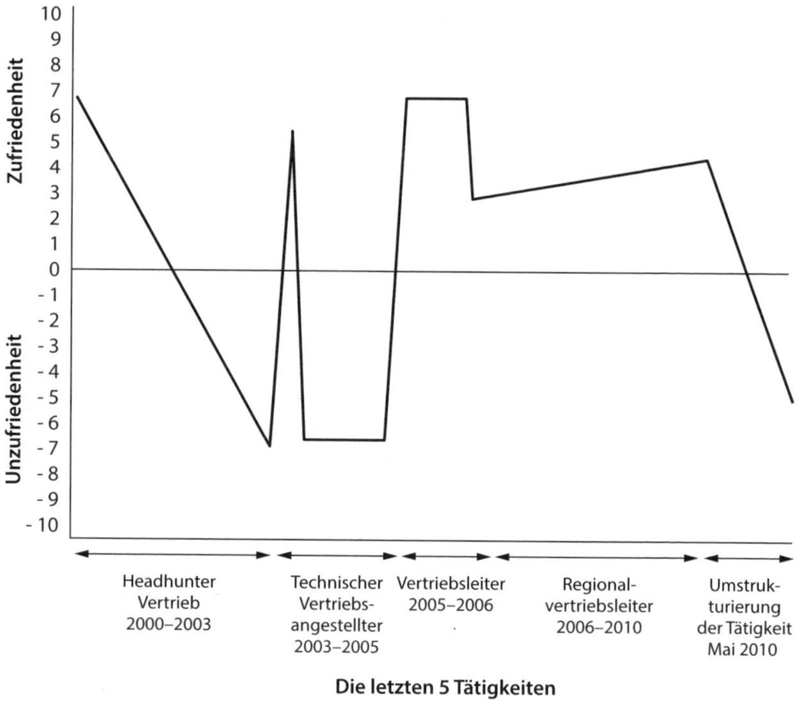

Abbildung 4.5: Beispiel für eine Kurve der beruflichen Zufriedenheit

4.4.7 *Beispiele für die Kurve beruflicher Antriebsfaktoren*

Abbildung 4.5 zeigt Ursulas Kurve der beruflichen Zufriedenheit. Und dies sind meine eigenen Faktoren:

1. Mit einem guten Chef/Kolleginnen und Kollegen arbeiten
2. Eine gute Work-Life-Balance
3. Die Möglichkeit zur Weiterbildung
4. Lohnenswert und sinnvoll
5. Abwechslung

Vorteile

- Schnell und wirksam
- Resultiert in einem individuellen Profil der beruflichen Antriebsfaktoren, ohne Einschränkung durch ein Modell oder Schema
- Erschließt fruchtbare Informationen für weitere Coachingsitzungen

Nachteile

- Kann schwierig sein, alles gleichzeitig zu tun: fragen, schreiben, denken und einzuordnen.
- Um die Themen aufgreifen zu können, sollte man sich auf dem Gebiet Motivation und Zufriedenheit im Beruf auskennen.
- Berufseinsteiger haben noch nicht so viel Erfahrung, auf die sie zurückschauen können: Verschaffen Sie sich ein Bild aus den Informationen über Schule, Lehre, Universität oder Zeitarbeit.

4.4.8 Weitere Tools

Es gibt urheberrechtlich geschützte Tools sowie Selbsthilfebücher zum Thema Beruf, die Sie nutzen können. Meiner Meinung nach sind sie zwar nicht so effektiv wie die Kurve der Antriebsfaktoren beruflicher Zufriedenheit, könnten aber Klienten ansprechen, die mehr über die Gründe für den Erfolg und einer Technik und ihre spezifische Methodik erfahren wollen.

Recht bekannt sind die „Karriereanker“, die Dr. Edgar Schein (1990) vom Massachusetts Institute of Technology anhand von Untersuchungen an Absolventen der *Sloan School of Management* definiert hat. Da sie mit persönlichen Werten zu tun haben, helfen sie, den Beruf zu wählen, der zu dem Menschen passt, der man wirklich ist. Dem Autor zufolge ist ein Karriereanker eine Kombination aus Kompetenzbereichen, Motiven und Werten, die erkannt werden und um jeden Preis bewahrt werden müssen. Es gibt acht Anker: Fachliche Kompetenz, General Management, Selbstständigkeit / Unabhängigkeit, Sicherheit / Beständigkeit, unternehmerische Kreativität, Dienst / Hinhabe, totale Herausforderung und Lebensstilintegration.

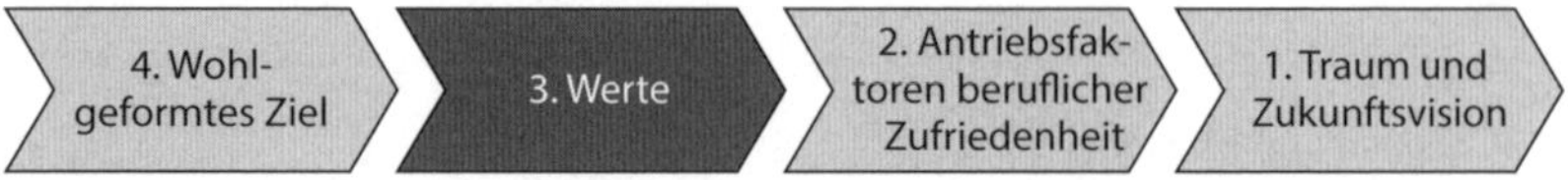

Abbildung 4.6: Schritte zur Berufswahl – Werte

4.5 Schritt 3: Werte

4.5.1 Was sind Werte?

Sehr vereinfacht bezeichnet ein „Wert" etwas, das uns viel bedeutet und das wir unter gar keinen Umständen, auch nicht den allerschlimmsten, aufgeben würden. Werte erklären, warum wir etwas tun. Jeder Mensch hat Werte, aber nicht jeder denkt bewusst darüber nach oder kann sie benennen. Beispiele für Werte: Familie, Ehrlichkeit, Zuverlässigkeit, Treue, Status, Tradition, Hilfsbereitschaft, Disziplin und Herausforderung (O'Connor und Lages, 2014).

4.5.2 Warum sind Werte wichtig?

Werte sind wichtig, weil unsere Entscheidungen davon abhängen. Kollidiert eine Organisation oder eine Stelle damit, wird die Arbeit ziemlich unangenehm. Da Werte oft nicht bewusst sind, kommt es vor, dass einem etwas nicht behagt, ohne dass man weiß, warum. Firmenwerte sind einerseits meist Teil des öffentlichen Images (Mitterer & Brice, 2007), andererseits stimmen die tatsächlichen Abläufe nicht immer damit überein. Manche Werte, wie etwa Unweltfreundlichkeit, werden ausdrücklich erwähnt und sind offensichtlicher als andere, wie zum Beispiel „Profit ist wichtiger als der Mensch" (CIPD & YouGov, 2010). Helfen Sie Ihren Klienten, die eigenen Werte und die der ins Auge gefassten Firma oder Tätigkeit zu entdecken, damit ihre Arbeit auch zu ihnen passt. Denn ansonsten werden sie sich darin nicht entfalten können.

Auf Werte gründen auch Verhaltensweisen und Einstellungen, wiederum meist unbewusst. Sie können sich sowohl positiv als auch negativ auswirken, weshalb es wichtig ist, dass Coachees sich darüber im Klaren sind – wie das Fallbeispiel unten zeigt.

Werte, die man seit der Kindheit mit sich herumschleppt, stammen womöglich von den Eltern oder anderen einflussreichen Personen aus damaligen Zeiten. Wenn es eigentlich nicht die eigenen sind, können sie sogar schädlich sein – wie Sie im folgenden Beispiel sehen.

4.5.3 *Fallbeispiel*

Ich hatte eine Klientin, die kurz zuvor befördert worden war und die Beziehung zu ihrem Team verbessern wollte. Mithilfe der Logischen Ebenen von Bateson (1972) und Dilts (1996) sollte sie erkennen, in welchen Situationen ihre Beziehungen am fruchtbarsten waren, und diese dann auf die Situation mit ihrem Team übertragen.

Aus ihren Erzählungen hörte ich, dass ihre Achtung anderer Menschen von deren Bildungsgrad und Intelligenzquotienten abhing und dass sie schon im allerersten Moment unbewusst ein Urteil über die Person und deren Wert fällte. Aus diesem Grund wirkte sie auf weniger gebildete bzw. schlechter qualifizierte Mitarbeiter voreingenommen und distanziert.

Als ich ihre Aufmerksamkeit auf diesen Punkt lenkte, ging ihr sogleich ein Licht auf. Ich coachte sie so, dass sie herausfinden konnte, welche Werte sie mit den Mitgliedern ihres Teams teilte. Auf diese Weise gelang es ihr, die Teammitglieder als wertvoll und kompetent anzusehen. Zu den gemeinsamen Werten gehörten ein stark ethisches Verständnis und Gemeinschaftsbewusstsein. Heute ist die Beziehung viel gelassener und die Zusammenarbeit wesentlich produktiver.

4.5.4 *Werte: die Methode*

Am einfachsten lassen sich Werte mithilfe einer Reihe variabler Fragen in der Coachingsitzung klären. Wenn Sie kostbare Coachingzeit sparen wollen, geben Sie sie als Hausaufgabe mit. Zusätzlich können die Coachees eine andere Person – vorzugsweise eine Freundin, ein Familienmitglied oder einen Kollegen – bitten, ihnen zu sagen, welche Werte sie bei ihnen bemerkt haben. Die Antworten sind dann in die nächste Coachingsitzung zur Besprechung mitzubringen. Alternativ können Sie auch Ihre eigenen Beobachtungen mitteilen.

Fragen

- Was ist Ihnen am wichtigsten?
- Was macht Sie glücklich?
- Was macht Sie unglücklich / ist Ihnen unangenehm?
- Wobei sind Sie zu keinem Kompromiss bereit?

Falls die Aufgabe schwerfällt, geben Sie Ihren Klienten eine Liste mit Beispielwerten als Denkanstoß. Alternativ können sie als Ausgangspunkt vier bis sechs Werte aus der Liste auswählen, etwa auch die, die ihnen am wenigsten bedeuten.

Hier eine Liste mit Beispielen:

Abenteuer
Abwechslung
Achtung vor anderen
Dankbarkeit
Disziplin
Effizienz
Ehrlichkeit
Energie
Entdeckerfreude
Entschiedenheit
Erfolg
Ergebnisorientierung
Fairness
Familie
Fortschritt
Freiheit
Freude
Freundschaft
Führung
Geld
Gewissheit
Glück
Großzügigkeit
Harmonie
Harte Arbeit
Herausforderung
Hilfsbereitschaft
Innovation
Integrität
Intelligenz
Kompetenz
Kreativität
Loyalität
Macht
Offenheit
Organisation
Perfektion
Persönliches Wachstum
Problemlösung
Pünktlichkeit
Sachlichkeit
Schnelligkeit
Sicherheit
Spaß
Spiritualität
Spitzenleistung
Status
Struktur
Teamarbeit
Toleranz
Tradition
Unabhängigkeit
Veränderung
Verantwortung
Verdienst
Verlässlichkeit
Vertrauen
Wissen
Wohlbefinden
Zusammenarbeit

Wie bei den Antriebsfaktoren der beruflichen Zufriedenheit erfahren Klienten auch hierüber interessante Dinge über aktuelle oder frühere Tätigkeiten und Firmen, die ihnen gefallen oder missfallen haben.

4.5.5 *Berufswahl und Arbeitssuche*

Inzwischen sollten Ihre Klienten schon ein gutes Gespür dafür haben, wie die Tätigkeit, die am besten zu ihnen passen würde, beschaffen sein sollte, sodass sie die Zahl auf einige wenige reduzieren oder sich auf nur eine konzentrieren können.

Was Coaching so wertvoll macht, ist, dass es keine direkten Antworten liefert, sondern Hilfe im Entscheidungsprozess: Man gewinnt Erkenntnisse, kann Optionen formulieren und eine Wahl treffen. Sie als Coach wissen, wo man außerhalb der Sitzungen Informationen über bestimmte Tätigkeiten einholen und wie man Zugang zu Netzwerken und andere Ressourcen bekommt, und können dieses Wissen weitergeben.

Nützliche Informationsquellen sind Ihre eigenen Netzwerke und die der Coachees, das Internet (z. B. Monster oder Stepstone), Firmenwebsites und Bücher zu beruflichen Themen. Mehr darüber in den nächsten Kapiteln.

Wenn jemand unsicher ist, ob er oder sie einen Berufswechsel riskieren soll, empfiehlt sich die Frage: „Wollen Sie das in fünf oder zehn Jahren / wenn Sie in Rente gehen immer noch tun?" Mit Sicherheit war das ein Grund, der mich dazu bewegt hat, mich selbstständig zu machen: Wenn ich in Rente gehen würde – ein Zeitpunkt, der beängstigend nahe rückt! –, wollte ich kein Angestelltendasein mehr fristen. Einzelheiten darüber erfahren Sie in Kapitel 5.

4.6 Schritt 4: Das wohlgeformte Ziel

Frei nach Milton Erickson (Erickson & Rossi, 2006): Wenn ein Ziel kein Datum hat, ist es nur ein Traum – der nie Wirklichkeit wird. Nach Erweiterung des Denkhorizonts und Eingrenzung der Wahlmöglichkeiten ist es nun an der Zeit für eine anschauliche Formulierung des Ziels, damit es tatsächlich erreicht werden kann. Und dazu gehören auch Fristen.

Am besten gelingt dies mit einem wohlgeformten Ziel (WFO = „Well Formed Outcome"), das wir aus dem NLP kennen (Dilts, Grinder, Bandler & DeLozier, 2003). Diese Art von Ziel geht über die Grenzen demotivierender traditioneller Ziele und objektiver Settings hinaus und hilft, auf Kongruenzen mit anderen Aspekten aus dem Berufs- und Privatleben zu achten.

Es ist zwar ratsam, beim WFO an eine bestimmte Tätigkeit zu denken, aber nicht unbedingt notwendig, da sich die Auswahl im Lauf der Übung eingrenzen lässt.

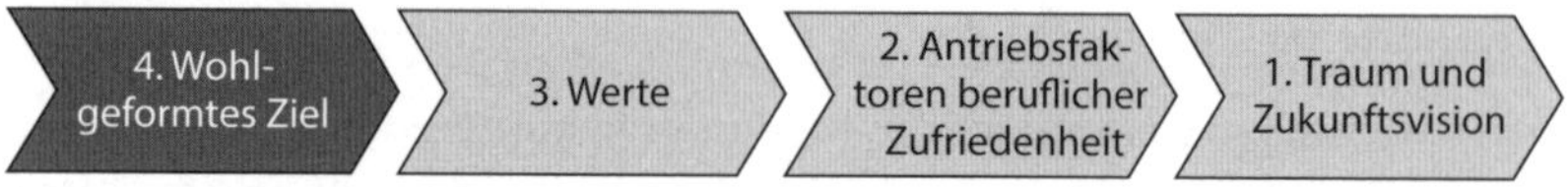

Abbildung 4.7: Schritte zur Berufswahl – wohlgeformte Ziele

4.6.1 *Was ist ein wohlgeformtes Ziel?*

Ein WFO ist das Endresultat, das Sie erreichen wollen – „... ein erwünschter Zustand“, etwas, das Sie im jetzigen Zustand nicht haben. Neurolinguistisch programmierte Ziele ... werden sorgfältig überdacht, und da sie bestimmten Kriterien entsprechen, sind sie realistisch, motivierend und erreichbar“ (O’Connor, 2014).

Vergleichen Sie einmal „realistisch, motivierend und erreichbar“ mit der im Projektmanagement gern verwendeten „SMART“-Formel „spezifisch, messbar und terminiert“.

Diese vorgegebenen Ziele drehen sich eher um Probleme, von denen man doch eigentlich loskommen möchte, indem man sie löst oder vermeidet. Welch ein Unterschied!

4.6.2 *Warum funktionieren WFOs?*

Ihre Klienten können mit den WFOs alles Mögliche in Erwägung ziehen, das zu beruflicher Erfüllung führt. Da diese Technik gut auf den vorigen Schritten aufbaut, bleibt das bereits Erarbeitete stimmig und geht nicht verloren. Im Gegensatz dazu führt ein Gespräch über Zielsetzungen die Klienten meiner Erfahrung nach oft geradewegs wieder in die logische und möglicherweise anstrengende Businesswelt zurück, aus der Sie sie doch eigentlich „herauscoachen“ wollen, damit sie in Kontakt mit ihrem Unbewussten und ihren eigentlichen Wünschen, ja mit ihrem wahren Ich kommen. Achten Sie einmal darauf, was in Ihnen selbst vorgeht, wenn Sie „Ziel“ oder „Zweck“ lesen oder sagen. Bei mir zieht sich meine Brust zusammen. Mir fallen Abkürzungen wie SMART ein und ich fühle mich unter Druck gesetzt, den Erwartungen des Managements oder der Organisation zu entsprechen.

Das mag bei Ihnen oder Ihren Coachees nicht unbedingt der Fall sein, aber ich finde, dass man durch das Umformulieren eigener Wünsche dem Alltagsstress und den Dingen, die man ändern oder beseitigen möchte, entkommen kann, dass es neugierig macht und das Denken befreit. Auf diese Weise kann man offener darüber nachdenken, was man eigentlich will und wie man es bekommt.

Beim „WFO“ denkt man eher über „Ergebnisse“ als über „Probleme“ nach. Und eigentlich sorgt Ihr Gehirn ausgezeichnet dafür, dass Sie das bekommen, worauf Sie Ihre Aufmerksamkeit richten. Wenn Ihre Coachees sich also auf berufliche Probleme konzentrieren und darauf, was sie nicht wollen, dann werden sie genau *das* bekommen (Knight, 1999). Dazu ein einfaches Beispiel: Sind Sie schon einmal Fahrrad gefahren und haben gedacht: „Fahr nicht über den Bordstein“, oder: „Vorsicht, da sind Brennnesseln“? Oder beim Golfspielen: „Pass auf – der Baum / Bunker / See“? Und was ist dann passiert? Genau das, was Sie gedacht haben! Wenn ich Ihnen sage: „Denken Sie nicht an eine rosa Giraffe mit blauen Punkten“, woran denken Sie sofort? Wenn Sie stattdessen denken: „Bleib auf der Fahrbahn“ oder „Schlag den Ball gerade über den Fairway“, dann werden Sie das auch tun. In der Arbeitswelt ist es genauso: Wenn Sie darüber nachdenken, welche Dinge Sie in Ihrem aktuellen Job in die Flucht treiben oder wenn Sie befürchten, das Falsche zu tun oder zu sagen, werden Sie sich genau darauf konzentrieren, und dann haben Sie den Salat!

Mit den WFOs werden die Coachees außerdem feststellen, ob sie das, was sie für ihren Wunsch halten, tatsächlich wollen, welche Faktoren ihren Weg zum Ziel erschweren oder verhindern und welche Konsequenzen es hat, wenn das Ziel erreicht wird.

4.6.3 *Wohlgeformte Ziele (WFOs): die Methode*

Zusammenfassung

Sie stellen eine Reihe von Fragen, damit Ihre Coachees eine klarere Vorstellung davon bekommen, *was* sie erreichen wollen und *wie* sie es erreichen werden. Die Coachees werden Erfolgsmaßstäbe setzen und sich über die Konsequenzen ihres Ziels im Klaren sein; sie werden wissen, ob sie bereit sind, den Preis dafür zu zahlen, und ob sie über die notwendigen Ressourcen bereits verfügen oder noch daran arbeiten müssen. Und schließlich werden Sie ihnen bei der Entscheidung helfen, was zu tun ist, vor allem bei dem ersten Schritt – dem größten auf dem Weg ans Ziel.

Für das Setzen wohlgeformter Ziele gibt es viele verschiedene Versionen, z. B. von Sue Knight (2009), Joseph O'Connor (2014) sowie O'Connor und Lages, 2014). Im Folgenden stelle ich meine eigene Version vor, die Sie auf Ihre Bedürfnisse und die Ihrer Coachees anpassen können.

Im Einzelnen

Stellen Sie Ihren Coachees eine Reihe von Fragen, damit sie herausfinden, was sie wollen und wie sie es erreichen, und ob es wirklich das ist, was sie wollen. Notieren Sie sich die Antworten, und zwar möglichst originalgetreu.

1. „*Was wollen Sie eigentlich?*" Die Antwort sollte positiv formuliert werden. Vielleicht müssen Sie die Frage mehrmals wiederholen oder durch weitere Fragen ergänzen, besonders dann, wenn die Betreffenden sehr ans „Problemdenken" gewöhnt sind. Zum Beispiel: „Also, wenn Sie XY nicht wollen, was wäre Ihnen lieber?" (Lawley & Tompkins, 2000).
   Sobald die Coachees definiert haben, was sie wollen, fragen Sie sie, welchen Titel sie dem geben, z. B. „Lehrer sein", „ein authentischer und begeisternder Manager sein" oder „in einer umweltfreundlichen Firma arbeiten". Gebrauchen Sie von nun an diesen Titel, wann immer Sie sich auf das WFO beziehen, damit die Coachees sich damit identifizieren und es sich real anfühlt. Sprechen Sie außerdem in der Gegenwartsform darüber, und zwar so, als ob sie das Ziel schon erreicht hätten, zum Beispiel: „Wie ist es, Lehrerin zu sein, wie sieht das aus, wie fühlt es sich an?"

2. *„Wie werden Sie wissen, dass Sie es geschafft haben?“* Auch mit dieser Frage machen Sie Wünsche greifbar. Ihre Coachees werden sich bewusst, was sie wollen, und bekommen eine klare Vorstellung davon. Lassen Sie sie nach Beweisen suchen, dass sie es geschafft haben. Helfen Sie ihnen mit Fragen nach sinnlichen Erfahrungen, wie z. B.:
   - „Wie sieht es aus? Was sehen Sie, wenn Sie sich umschauen? Wer ist außerdem noch da? Wo befinden Sie sich?“
   - „Wie klingt es? Was hören Sie? Was sagen Sie? Was sagen die anderen?“
   - „Wie fühlt es sich an? Was fühlen Sie? In welchem Bereich Ihres Körpers fühlen Sie es? Wie stark ist dieses Gefühl?“
   - „Wie ist es, wenn Sie es geschafft haben?“
     Arbeiten Sie mit ihnen an einer Metapher, die sie als eine Art „Kürzel“ verwenden können, z. B. „wie Surfen – aufregend und auch ein bisschen gefährlich!“ Sie könnten auch eine Bildversion der Metapher finden oder selbst eine zeichnen, die sie zur Erinnerung bei sich tragen. Wir nähren uns von Metaphern; sie wahrzunehmen und zu erkunden kann außerordentlich fruchtbar sein – der Inbegriff der „Clean-Language“-Methode. Mehr darüber in Kapitel 2 (Lakoff & Johnson, 1998; Sullivan & Rees, 2008).

   Falls Sie sich schon in einer Fantasieübung damit beschäftigt haben, reicht es, wenn Sie sich diese Sitzung wieder ins Gedächtnis rufen und darüber nachdenken.

3. *„Wo, wann und mit wem wollen Sie das?“* Vielleicht haben sie schon Antworten für „wo“ und „mit wem“. Wenn nicht, haken Sie nach, damit hier Klarheit herrscht. Hat eine Coachee gesagt, dass sie gerne Managerin wäre, könnten Sie ihr helfen, mehr darüber herauszufinden, etwa in welcher Art von Firma sie sich selbst sieht. Sorgen Sie dafür, dass Ihre Coachees sich an diesem Punkt auf eine Zeitskala festlegen.

4. *„Auf welche Ressourcen können Sie zurückgreifen?“* Was Ihre Klienten vielleicht benötigen:
   - konkrete Dinge, z. B. einen Computer, ein Auto, ein Büro, Geldmittel
   - andere Menschen, z. B. Familienangehörige, Freunde und Freundinnen, Kollegen und Kolleginnen, eine Mentorin, einen Coach, Vorbilder, Netzwerke
   - persönliche Aspekte, z. B. Fähigkeiten, Kenntnisse, Persönlichkeit, Wissen, Gesundheit, Fitness, Werte

Stellen Sie Fragen, um herauszufinden, welche Ressourcen bereits vorhanden sind und welche entwickelt bzw. herbeigeschafft werden müssen, damit die Klienten ihre WFOs erreichen.

Wichtige Fragen:

- „Wie stark können Sie über Ihr Ziel bestimmen? Was können Sie selbst tun, um es zu erreichen?“ Sie müssen unbedingt dafür sorgen, dass Ihre Coachees die Dinge selbst in die Hand nehmen können und nicht von anderen abhängen: „Wer könnte Ihnen noch helfen? Wie können Sie andere dazu motivieren, Ihnen zu helfen, d. h., welche Hilfe können Sie im Gegenzug bieten?“
- „Wen müssen Sie beeinflussen? Wie können Sie das tun?“

5. *„Mit welchen Konsequenzen können Sie langfristig rechnen, wenn Sie Ihr Ziel erreicht haben?“*
   - „Auf wen wird sich das Ganze noch auswirken? Ist das, was Sie wollen, in den Augen dieser Personen (z. B. Partner, Partnerin, Kinder, Eltern, Team) positiv oder negativ?“
   - „Was fordert es von Ihnen ein?“ Zum Beispiel: Zeit und Mühe, um das Ziel zu erreichen und das Erreichte beizubehalten, Risiken, Unannehmlichkeiten.
   - „Was müssten Sie aufgeben?“ Dies könnten oberflächliche Dinge sein, wie „abends in die Kneipe gehen“, aber auch sehr tief liegende oder weniger offensichtliche Dinge wie Überzeugungen, die Sie beispielsweise einschränken. Diese müssen häufig in weiteren Coachingsitzungen bearbeitet werden.
   - „Was finden Sie an der jetzigen Situation gut? Was soll so bleiben wie es ist?“ Dies kann auch Vorteile zutage fördern, die den Coachees bisher nicht bewusst gewesen sind, sie aber am selben Ort gehalten haben. Wer beispielsweise mehr über seine Tätigkeit weiß als andere, hat vielleicht Angst, dass er sehr wenig über die neue Tätigkeit weiß.
   - „Welche unbeabsichtigten Folgen könnten sich ergeben?“
   - „Sind Sie bereit, den Preis zu zahlen?“ Der „Preis“ könnte Geld sein, aber auch etwas ganz anderes.

6. *„Steht Ihr Ziel im Einklang mit dem Menschen, der Sie sind?“*
   - „Passt es zu Ihren Werten?“
   - „Passt es zu Ihrer Identität?“ Wenn nicht, sollten Sie mit den betreffenden Klienten in einer anderen Coachingsitzung noch einmal darüber sprechen. Jedes Ziel muss mit dem Selbstbild und der Person

übereinstimmen, sonst wird man dort nicht erfolgreich sein oder gar nicht erst ankommen.

7. *„Ist dieses Ziel realistisch und motivierend? Wie stark können Sie sich daran binden?“* Wenn die Entfernung zum Ziel unvorstellbar weit ist und man nicht in einem Zug dorthin gelangen kann, schlagen Sie vor, den Weg in kleinere Schritte aufzuteilen und Teilziele zu setzen. Beispiel: Wer gern Rechtsanwalt wäre, braucht zuerst die notwendigen Qualifikationen.
   Fragen Sie, wie stark die Motivation ist, es zu schaffen, am besten mithilfe einer Skala von 1 bis 10. Wie hoch wird das notwendige Engagement schätzungsweise sein, besonders wenn Gegenwind herrscht? Mit dieser Frage sollte man sich wirklich eine Weile lang auseinandersetzen.
8. *„Wie schreiten Sie zur Tat?“*
   - „Was könnten Sie als Erstes unternehmen, womit würden Sie den größten Effekt erzielen?“
   - „Was werden Sie außerdem noch tun?“
   - „Welche Hindernisse werden Sie überwinden müssen?“
9. *„Woher werden Sie wissen, dass Sie sich auf dem richtigen Weg befinden?“* Fragen Sie ähnlich wie bei Punkt 2 nach Erfolgszeichen, damit Ihre Coachees nicht auf den Holzweg geraten. Wenn jemand zum Beispiel studieren möchte – was wird am Ende des ersten Semesters anstehen?
   Es kann durchaus sein, dass Coachees an dieser Stelle Wissenslücken haben. Kapitel 5 enthält Ansätze und Methoden, die mehr ins Detail gehen und diese Lücken schließen.

Die Top-Erfolgstipps

- Hören Sie aufmerksam zu, nehmen Sie nicht alles für bare Münze, verstehen Sie die tiefere Bedeutung.
- Achten Sie auf Anhaltspunkte, die Ihre Coachees in erkenntnisreiche Bereiche führen könnten, und entscheiden Sie intuitiv, ob Sie diesen sofort nachgehen wollen oder ob Sie sich das „für später vormerken“.

Mögliche Probleme

- Aufschlussreiche Fragen stellen, aufmerksam lauschen und sich Notizen machen – und zwar alles gleichzeitig – erfordert: Üben, Üben, Üben!
- Um zu wissen, welchen Anhaltspunkten man folgen sollte und wann – üben Sie und gehen Sie intuitiv vor!

4.6.4 Fallbeispiel

2006 hatte ich den Wunsch, mich in NLP ausbilden zu lassen, und nahm an einem sehr intensiven Kurs bei Sue Knight teil. Doch ausgerechnet vor dem letzten Workshop und der Prüfung wurde ich krank und konnte meinen Abschluss nicht machen. Ich wollte ihn unbedingt nachholen, wusste aber nicht genau, wie. So schob ich die Sache auf die lange Bank und verwarf immer wieder alle Optionen, die mir durch den Kopf gingen.

Irgendwann entschied ich mich für eine „Selbsttherapie“ mit einem von Sues Hauptprinzipien, dem „wohlgeformten Ziel“. Als ich darüber nachdachte, was ich wirklich wollte, merkte ich, dass es mir nicht nur um die Qualifikation ging, sondern dass ich auch Sues Assistentin sein wollte. Begeistert von dieser Aussicht rief ich Sue sogleich an – wie mutig von mir! – und schlug ihr vor, sie als Assistentin auf einem ihrer Einführungskurse zu begleiten und meine Prüfung abzulegen. Sie erklärte sich sofort einverstanden!

Ich hatte nicht nur etwas erreicht, das in meinem Unbewussten vergraben lag. Das Erstaunliche war vor allem, wie schnell und einfach ich es geschafft hatte. Ich war meiner eigenen Zeitskala um Meilen voraus!

Vorteile

- Bringt Coachees auf eine Weise in Kontakt mit dem, was sie wollen, sowohl auf emotionale als auch logische Weise, und zeigt ihnen „was und wie“.
- Deckt unbewusste Zielblockaden im Inneren der Coachees auf, mit denen man sich in weiteren Sitzungen auseinandersetzen kann.
- Kann auch von unerfahrenen Coachs effektiv eingesetzt werden und ist in der Hand von sehr versierten Coachs nachhaltig wirksam.

Nachteile

- Kann logisch veranlagten und vorzugsweise mit der linken Gehirnhälfte denkenden Menschen unangenehm sein.
- Die gründliche Beantwortung aller Fragen kann viel Zeit in Anspruch nehmen, wobei das auch außerhalb der Coachingsitzungen möglich ist.

4.7 Weitere Möglichkeiten

Clean Language (siehe Kapitel 2) kann hier sehr empfehlenswert sein, besonders die beiden „Grundlagen"-Fragen: „Gibt es noch mehr zu ...?" und: „Was für eine Art von ... ist ... (Tompkins & Lawley, 2000).

Bei der Entwicklung von wohlgeformten Zielen entdecken Klienten manchmal Aspekte, denen nachzugehen sich lohnt, entweder mit Ihnen oder mit der Hilfe einer anderen Person, etwa jemandem aus der Personalabteilung. Zum Beispiel:

Logische Ebenen: Diese Methode (siehe Kapitel 2) eignet sich als Hilfestellung bei der Berufswahl, um sicherzugehen, dass alle Entscheidungen mit dem Ziel übereinstimmen, und um Bereiche zur Erkundung in weiteren Coachingsitzungen aufzudecken.

Stärken: Verwenden Sie *Entdecken Sie Ihre Stärken jetzt!* von Marcus Buckingham und Donald O. Clifton (2011) oder *Entwickle deine Stärken mit dem StrengthsFinder 2.0* von Tom Rath (2014). Sie können diese Bücher überall erwerben oder im Internet einen Fragebogen ausfüllen und so eine Zusammenfassung Ihrer persönlichen Stärken bekommen.

Der stärkenbasierte Ansatz ermutigt gerade unsichere Menschen mit niedrigem Selbstwertgefühl, die den Stil „defizitfokussierter" Leistungsmanagementsysteme gewohnt sind.

360-Grad-Feedback: Feedback zu Stärken und Fähigkeiten kann man von Kollegen, Fragebögen, Kunden und anderen bekommen und erhält dadurch auch Aufschluss, in welchen Bereichen noch Entwicklungsbedarf besteht. Es gibt dafür auch vorgefertigte Internet-Tools, die man online kaufen oder über die Personalabteilung erhalten kann und die viele Firmen auch zur Managemententwicklung einsetzen. Feedback geht aber auch formlos, im Gespräch mit Kollegen, indem man nach bestimmten Fähigkeiten fragt und sich Meinungen aus anderen Perspektiven anhört.

360-Grad-Feedback ist meist kostenpflichtig. Manche Versionen lassen sich maßgerecht anpassen.

Oft werde ich von Organisationen, mit denen ich sowieso schon arbeite, um einen Bericht mit 360-Grad-Feedback gebeten. Das ist also eine weitere Dienstleistung, die man als Übergangscoach anbieten kann.

Psychometrie und Persönlichkeitstests: Welche Präferenzen und Stärken man in den Bereichen hat, die für den passenden Beruf relevant sein oder für den Übergang in eine neue Tätigkeit wichtige Erkenntnisse liefern könnten, lässt sich mithilfe verschiedener Tests herausfinden. Diese sind meist sehr detailliert und daher auch recht kostspielig. Außerdem erfordern die Durchführung und die Interpretation qualifizierte Prozessbegleiter. Von einigen gibt es im Internet verkürzte Versionen zum Schnuppern.

Beispiele:

- Birkman-Methode®: ↗ http://www.birkman.com/birkmanMethod/whatIsTheBirkmanMethod.php oder: ↗ http://www.birkman-germany.com/
- Myers-Briggs Type Indicator® (MBTI®): ↗ http://www.myersbriggs.org/
- Herrmann Brain Dominance Instrument® (HBDI®): ↗ http://www.hbdi.com/, bzw.: ↗ http://www.hbdi.de/
- SHL's Occupational Personality Questionnaire (OPQ32r): ↗ http://www.shl.com/WhatWeDo/PersonalityAssessment/Pages/OPQQuestionnaire.aspx
- 16 PF® (16 personality factors): ↗ http://www.pearsonassessments.com/HAIWEB/Cultures/en-us/Product detail.htm?Pid=PAg101&Mode=summary
- DiSC Dominance, Influence, Steadiness, Conscientiousness): DiSC® ist eine Marke der US-amerikanischen Inscape Publishing Company: ↗ http://www.inscapepublishing.com, aber es gibt weitere Versionen von anderen Anbietern.[5]

Vielleicht meinen Sie, dass für die Anwendung dieser Methoden ein Zertifikat ganz nützlich wäre; meiner Erfahrung nach ist das aber nicht unbedingt notwendig und lohnt weder den zeitlichen noch den finanziellen Aufwand. Viele Organisationen bieten Kurse in Psychometrie an.

Das Lebensrad: Mit diesem bekannten Coaching-Tool, von dem es schon zahlreiche Varianten gibt und das sich auch für berufliche Übergänge eignet, kann man herausfinden, was einem wichtig ist und wie zufrieden man mit seinem Leben ist.

---

5 Die deutsche Version lautet DISG: Dominanz, Initiative, Stetigkeit und Gewissenhaftigkeit (Anm. d. Ü.).

Bitten Sie Ihre Coachees als Erstes, acht Bereiche ihres Lebens auszuwählen, in denen sie Zufriedenheit erreichen wollen. Orientieren Sie sich an dem Beispiel in Abbildung 4.8. Als Nächstes bitten Sie sie, ihre Zufriedenheit mit jedem einzelnen Bereich auf einer Skala von 0 bis 10 zu bewerten und den Wert mit einem Kreuz auf der jeweiligen Linie zu markieren. Wenn Sie die Kreuze dann miteinander verbinden, können Sie sehen, wie ausbalanciert das Leben in dem Moment ist – die Fahrt mit diesem Rad kann manchmal recht unangenehm sein! Die Coachees können außerdem die Werte eintragen, die sie gerne hätten, und anhand der „Höhenunterschiede" entscheiden, wo ihre Prioritäten liegen und wo sie etwas unternehmen wollen. Die Aktivitäten / Ziele für jeden Bereich können sie in die Zwischenräume eintragen.

Damit hat man einen guten Ausgangspunkt für das Gespräch und den Coachingprozess: Man sieht, womit man zufrieden bzw. unzufrieden ist und was notwendig ist, damit das Leben ausgeglichener wird.

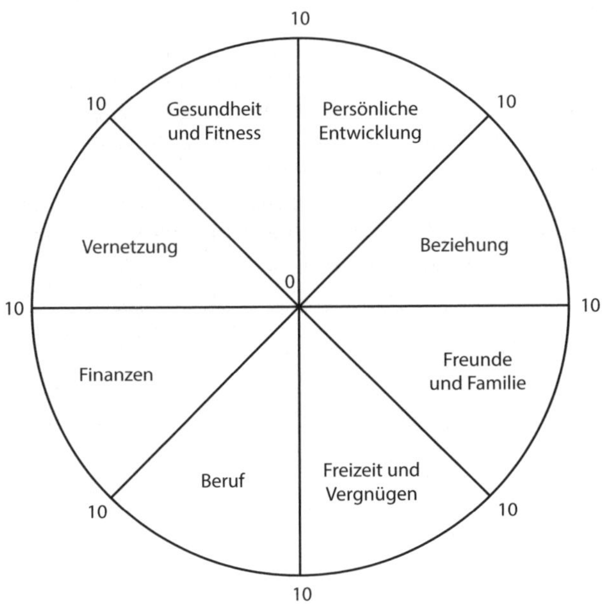

Abbildung 4.8: Das Lebensrad

Ein Plan für die berufliche Weiterentwicklung: Es folgen einige Überschriften für ein Formular, mit dem Ihre Coachees strukturierter planen und ihre Fortschritte überwachen können.

- Mein Ziel inklusive Datum, an dem das Ziel erreicht werden sein soll
- Erfolgsmeilensteine mit Angaben, wann und wie diese erreicht wurden
- Durchführungsplan: Einzelne Maßnahmen mit Angaben, wann und wie sie durchgeführt wurden
- Entwicklungsmaßnahmen mit Angaben, wann und wie sie durchgeführt wurden
- Erfolgstagebuch aller Erfolge, die zum Ziel führen

Zusammenfassung

- Bewegen Sie Ihre Coachees dazu, die Dinge eher langfristig anzugehen, statt nur unmittelbar auftretende Probleme zu lösen. Falls sie zögern, sollten ihnen die Vorteile mithilfe der hier empfohlenen Tools klar werden.
- Helfen Sie Ihren Coachees, sich eine deutliche Vorstellung davon zu machen, was sie beruflich erreichen wollen, damit sie sich dafür begeistern und dranbleiben.
- Suchen Sie nach Mustern, die sich bis dato im Berufsleben Ihrer Coachees abzeichnen, und helfen Sie ihnen, alle möglichen Ressourcen zu nutzen, indem Sie neben dem Bewussten auch das Unbewusste erschließen.
- Verwenden Sie den Prozess des Wohlgeformten Ziels (WFO), um die Fragen nach dem Wie und Was zu beantworten.
- Helfen Sie Ihren Coachees, ihre Vorstellung von dem, was sie wollen, „auszutesten“, um sicherzugehen, dass sie es wirklich wollen, es zu ihrer Identität passt und sich positiv auf ihr Leben auswirkt.

5. Auf dem richtigen Kurs

Als ich noch bei *HR Business Partner* arbeitete, gab es einen frustrierten Bewerber, der immer wieder abgelehnt wurde und sagte: „Wir wissen doch alle, dass das ein Spiel ist. Aber die Regeln – die kennen wir nicht!“ In diesem Kapitel geleiten Sie Ihre Coachees durch die „Spielregeln“ von Bewerbung, Beförderung und Existenzgründung.

Während es im vorigen Kapitel um das große Ganze ging, geht es nun ans Eingemachte, um die konkreten Schritte, die ans Ziel führen. Sie haben die zweite Phase des beruflichen Übergangsprozesses erreicht, die der Vorbereitung und Suche: Lebenslauf und Vorbereitung auf Vorstellungsgespräche, netzwerken, persönliche Markenkennzeichen definieren und „Terrain abstecken“, Selbstvertrauen und Glaube an sich selbst.

Diese Coachingphase erfordert von Ihnen eine etwas andere Herangehensweise, mehr in der Art von Mentoring. Da viele Klienten an dieser Stelle Informationen benötigen, müssen Sie sowohl Prozess als auch Inhalt liefern. Um mit Julie Blunt zu sprechen: „It's not a content-free zone!“

Vorsicht Falle! Bieten Sie durchaus Informationen, Kenntnisse, Orientierung und Optionen, aber schreiben Sie nicht vor, was zu tun ist. Überlassen Sie die Verantwortung für die Entscheidung – wie bei jedem Coaching – Ihren Coachees.

In diesem Kapitel lernen Sie Ansätze kennen, die beidem, Prozess wie Inhalt, genügen. Dabei wird es im Detail um die beiden häufigsten Optionen gehen:

1. eine neue Rolle, d.h. einen anderen oder besseren Posten innerhalb derselben oder in einer anderen Organisation zu finden;
2. sich selbstständig zu machen, entweder als feste Freelancer oder mit eigenem Unternehmen.

Sie werden erfahren, wie Sie Ihre Coachees dabei unterstützen können, diese Optionen in die Tat umzusetzen. Ein weiteres Thema wird der Übergang in den Ruhestand sein.

Für beide Optionen gelten weiterhin dieselben Coachingprinzipien. Egal, ob Ihr Coachee angestellt oder selbstständig sein möchte, müssen Sie ihm oder ihr bei folgenden Überlegungen helfen:

1. *Selbsteinschätzung:* „Welche Stärken oder Qualitäten habe oder brauche ich für die Option, die ich gewählt habe?"
2. *Einschätzung der Chancen:* „Was braucht der Markt und wie werde ich bzw. wird das, was ich mir vorstelle, dem gerecht?"
3. *Markenzeichen – für mich oder meine Firma:* „Was ist mein Alleinstellungsmerkmal? Wie möchte ich gesehen werden?" Dazu gehört ein Lebenslauf oder ein Profil und für die Selbstständigen auch die Unternehmensidentität.
4. *Marketing:* „Wie und wo vermarkte ich mich?" Netzwerken und Onlinepräsenz – beides ist absolut wichtig.
5. *Sich verkaufen:* „Wie verkaufe ich mich selbst und meine Produkte bzw. Dienstleistungen?" Anfertigung von Lebenslauf, Bewerbungsanschreiben, Profil oder Businessplan.
6. *Verhandlung und Entscheidung:* „Welche Stelle nehme ich? Wie verhandle ich die Bedingungen meines Arbeitsvertrags? Welches Honorar bzw. welchen Produktpreis kann ich fordern und wie verhandle ich die Höhe? Welche Struktur hat mein Unternehmen? Was ist mit der Buchhaltung?"

Für diese sechs Punkte empfehle ich folgende Ansätze und Tools:

Thema	Ansatz / Methode
Selbsteinschätzung	SWOT, Psychometrie (z. B. Motivationslandkarte), INSIGHTS MDI®-Diagnostik-Tool, Selbsteinschätzungsfragebogen, Logische Ebenen
Einschätzung der Möglichkeiten	SWOT, Fähigkeiteninventur
Markenzeichen	Logische Ebenen
Marketing	Lebenslauf, Anschreiben, Feedback
Sich verkaufen	Vorstellungsgespräch vorbereiten und üben – STAR-Methode, Feedback. Visualisierung, positive Gefühle verankern und kognitiv-behaviorales Coaching
Verhandlung und Entscheidung	Gestalt, Überzeugermuster, Verankerung nach Kahneman, Geschichten erfinden und erzählen
Jederzeit und immer	Aufschlussreiche Fragen

Tabelle 5.1: Der Weg ans Ziel – Ansätze und Methoden

5.1 Die Stellensuche

Dies sind unsere Themen:

- Welche Erwartungen der Markt in Bezug auf die gewünschte Tätigkeit stellt und wie die Coachees dem genügen. Es geht also um ihre Vermittelbarkeit, Eignung bzw. „Employability“ und was sie dafür tun können, um diese zu stärken.
- Vorbereitung auf die Bewerbungskampagne, z. B. Anfertigung eines Lebenslaufs
- Durchführung der Bewerbungskampagne – wo und wie man sucht, wie man sich auf das Vorstellungsgespräch vorbereitet etc.
- Entscheidungen treffen, z. B. in Bezug auf das Gehalt und die Bedingungen des Arbeitsvertrags

Ich werde die Prinzipien und wesentlichen Punkte zwar behandeln – Ihre eigenen Kenntnisse und Erfahrungen sind jedoch unersetzbar. Auf dem Arbeitsmarkt müssen Sie „Fachfrau“ oder „Fachmann“ sein. Sie brauchen nicht über alle Berufe Bescheid zu wissen, aber schon, wie der Markt funktioniert und „nach welchen Regeln gespielt wird“.

5.1.1 Beschäftigungsfähigkeit (Employability)

Wer am Arbeitsmarkt partizipieren will, muss über seine „Beschäftigungsfähigkeit“ nachdenken, die der britische Industrieverband CBI (2007) folgendermaßen definiert: „Bestimmte Eigenschaften, Fähigkeiten und Kenntnisse, über die alle Arbeitsmarktteilnehmenden verfügen sollten, um effizient und arbeitsfähig zu sein – zum Vorteil für sich selbst, ihren Arbeitgeber und die allgemeine Wirtschaft“. Dazu gehören laut CBI: Selbstmanagement, Teamarbeit, Geschäfts- und Kundenbewusstsein, Problemlösungskompetenz, Kommunikation und Bildung, Anwendung von Rechen- und IT-Kenntnissen, eine positive Einstellung und Unternehmergeist. Dieses „Einmaleins“ der Beschäftigungsfähigkeit trifft auf alle Phasen des Berufslebens zu, egal ob man (wie in dem CBI-Bericht) gerade frisch von der Schule kommt oder schon seit vielen Jahren auf dem Arbeitsmarkt aktiv ist. Deni Lyall, die Outplacement-Coachings für Mitarbeiter aller Organisationsebenen durchführt, spricht aus Erfahrung: Wer Energie hat, wird viel eher eine Stelle finden. Wer schüchtern und zurückhaltend ist, sollte vielleicht einmal darüber nachdenken, welchen Eindruck das bei Personalvermittlern hinterlässt. Was die Welt will und erwartet, ändert sich momentan jedoch schneller denn je.

Coachees sollten sich also als Erstes Gedanken darüber machen, was der Bereich oder der Beruf, in dem sie tätig sein wollen, erfordert. Dies können sie selbst recherchieren, zum Beispiel im Internet, indem sie sich mit Berufsverbänden in Verbindung setzen oder mit Leuten aus ihrem eigenen Netzwerk sprechen. Wer aus dem Bekanntenkreis könnte helfen? Hat man erst einmal eine klare Vorstellung von den notwendigen Fähigkeiten, Kenntnissen und Eigenschaften, kann man prüfen, inwiefern man ins Bild passt und welche Lücken ggf. noch zu füllen sind. Eine einfache, aber sehr effektive Möglichkeit, die Beschäftigungsfähigkeit herauszufinden, ist die SWOT-Analyse: Stärken (strengths), Schwächen (weaknesses), Chancen (opportunities) und Gefahren (threats).

5.1.2 SWOT

Was ist das und warum funktioniert es?

SWOT wird sehr oft im Geschäftsleben verwendet, viele Klienten kennen diese einfache Vier-Felder-Formel bereits, doch die meisten haben sie noch nie selbst ausprobiert. Wenn Sie dazu gehören – Stärken und Schwächen liegen im Inneren des Menschen (z. B. Fähigkeiten wie strukturiertes Vorgehen oder starke Werte, etwa ein hoher Grad an Integrität), Chancen und Gefahren im Äußeren (eine Abfindung, die ein finanzielles Polster bietet, könnte eine Chance sein; eine Rezession, die zum Abbau von Arbeitsplätzen führt, eine Gefahr). Das Konzept geht auf eine Studie aus den 1960er-Jahren zurück, die am *Stanford Research Institute* durchgeführt wurde (Fleisher & Bensoussan, 2002).

Wie und wann wird SWOT verwendet?

SWOT funktioniert auf ganz unterschiedlichen Ebenen und kann allen möglichen Zwecken dienen. Zum Beispiel können Klienten zwischen den Coachingsitzungen damit eine Art „Inventur“ machen, die Stoff für weitere Sitzungen liefert. Diese einfache, aber geniale Methode lässt sich in mundgerechte Häppchen aufteilen und ist hervorragend dafür geeignet, auf neue Ideen zu kommen und sich besser kennenzulernen.

So zumindest sieht es Karen Williams von *Self Discovery Coaching,* die SWOT bei den meisten Klienten im Übergangscoaching anwendet. Nach der ersten oder zweiten Sitzung gibt sie diese Analyse als „Hausaufgabe“

mit und bespricht die Ergebnisse in der nächsten Sitzung. Das Tolle an dieser Methode ist ihrer Erfahrung nach, dass sie

- übertragbare Fähigkeiten und Stärken aufdeckt,
- eine Stärkeninventur ermöglicht,
- beim Erstellen eines Lebenslaufs hilft und
- das Selbstvertrauen stärkt – viele Klienten, besonders jene, die schon auf eine lange Berufslaufbahn zurückblicken, vielleicht seit vielen Jahren denselben Beruf ausüben oder in derselben Firma arbeiten, kennen ihre Stärken nämlich nicht.

Karen einigt sich mit ihren Coachees auf das Thema, um das es gehen soll, z. B. den Wunsch nach einer anderen Stelle oder einer Beförderung, und fordert sie auf, alle zur Verfügung stehenden Informationsquellen anzuzapfen – Firmenbeurteilungen, 360-Grad-Feedback, Psychometrie, Freunde und Familie etc. Eine SWOT-Analyse ist wie ein „Johari-Fenster" (Luft & Ingham, 1955), durch das Coachees sehen können, was sie bereits über sich selbst wissen, was andere über sie wissen und das in weiteren Coachingsitzungen ungeahnte Potenziale zutage fördert.

Stärken Über welche Fähigkeiten und Talente verfügen Sie? Auf welchen Gebieten zeichnen Sie sich aus? Welche Ihrer Qualifikationen, Zertifizierungen, Erfahrungen oder Qualitäten tragen zu Ihrer Einzigartigkeit bei? Welche Stärken besitzen Sie anderen zufolge?	**Schwächen** Welche Fähigkeiten fehlen Ihnen und wie könnten Sie diese Lücken füllen? Welche persönlichen Schwierigkeiten müssten Sie überwinden, um Ihr Ziel zu erreichen (z. B. mangelnde Fähigkeiten, ungenügende persönliche Präsenz, fehlende finanzielle Rücklagen). Welche Schwächen besitzen Sie anderen zufolge?
Chancen Welche Möglichkeiten stehen Ihnen offen? Wer aus Ihrer Bekanntschaft könnte Ihnen zum Erfolg verhelfen? Von welchen äußeren Faktoren profitieren Sie? (z. B. Marktentwicklung, Kooperationsmöglichkeiten, lokale Arbeitsmarktförderung)	**Gefahren** Vor welchen Hindernissen stehen Sie? Welche äußeren Faktoren könnten Sie am Erfolg hindern? (z. B. Wirtschaftsbedingungen, neue Technologien, Gesetze) Wer oder was könnte Ihnen in die Quere kommen?

Abbildung 5.1: SWOT-Analyse – Muster

Die Top-Erfolgstipps

- Wichtig ist hier ein klar definierter Vertrag. Vereinbaren Sie konkret, wie stark sich die Klienten für eine Veränderung engagieren wollen und wie hoch ihre Motivation für ein solch arbeitsintensives Unterfangen ist (das auch eine SWOT-Analyse mit einschließt).
- Eine SWOT-Analyse ist Teil des Coachingprozesses. Nehmen Sie sich Zeit, sie im Beisein der Klienten zu erklären, und schicken Sie das Formular nicht einfach per E-Mail.
- Wenn die Methode im beruflichen Zusammenhang bereits bekannt ist, erläutern Sie Ihren Klienten, wie sich SWOT im persönlichen Kontext nutzen lässt.
- Haken Sie nach und bohren Sie tiefer; geben Sie nicht mit der ersten Version der Analyse zufrieden, sondern loten Sie weitere Möglichkeiten aus, die die Klienten noch nicht in Erwägung gezogen haben.
- Stellen Sie die Analyse in einen Zusammenhang, in Bezug auf ein bestimmtes Ziel.
- Verwenden Sie die Sprache Ihrer Klienten.
- Denken Sie daran, dass manche Klienten mehr Hilfe benötigen als andere – Karen hat dafür eine Reihe von Beispielfragen und Kriterien (siehe Abb. 5.1).

Mögliche Probleme

- Manche Klienten haben Schwierigkeiten, ihre Stärken zu erkennen, manche ihre Schwächen.
- Manche gehen nicht gern ins Detail.
- Manche halten sich nicht an die Abmachungen in Bezug auf die Zeit zwischen den Sitzungen und machen ihre Hausaufgaben nicht.
- Manche können nicht selbstständig reflektieren und auch das Formular nicht ohne Hilfe des Coachs ausfüllen.

Vorteile

- Verhilft zu mehr Selbsterkenntnis
- Einfaches Konzept
- Erkenntnisse können woanders einfließen, z. B. in Vorstellungsgespräche, den Lebenslauf und weitere Coachingthemen wie Selbstvertrauen oder die Eigenwahrnehmung.

Nachteile

- Erfordert Ehrlichkeit von den Klienten, ihrem Netzwerk und den Coachs in Bezug auf Stärken und Realismus in Bezug auf das äußere Umfeld.
- Manche Menschen sind aufgrund ihrer Schwächen frustriert und weniger selbstsicher, was ausführliches Coaching erfordert.
- Manche sind einfach veränderungsresistent.

5.1.3 *Fallbeispiel: Penny*

Penny arbeitete seit zehn Jahren in einem auf dem Land angesiedelten Unternehmen. So spannend und attraktiv, wie der Job in der schönen Umgebung einmal gewesen war – nun war er für sie zur Zwangsjacke geworden. Sie wollte sich deshalb beruflich verändern. Eine Beförderung kam nicht infrage, die Beziehung zu ihrer Chefin war nicht gut. Besser, sie würde bald die Stelle und auch die Branche wechseln, dachte sie, denn sie wurde älter und hatte bisher nur in einem Bereich Erfahrung.

Durch die SWOT-Analyse fand sie übertragbare Stärken heraus, die sie in anderen Sektoren gebrauchen konnte. Damit hatte sie den Inhalt für ihren Lebenslauf, der klar ausdrückte, in welche Richtung es für sie gehen sollte, und konnte außerdem herausfinden, was für und gegen verschiedene berufliche Optionen sprach. So stellte sie fest, dass sie ein Talent für Marketing hatte, was sie in ihrer aktuellen Tätigkeit zwar einsetzen konnte, laut Stellenbeschreibung aber nicht gefordert war. Ohne SWOT und das anschließende Coaching wäre sie nie zu dieser Erkenntnis gelangt, die ihr neue Berufsperspektiven eröffnete.

Sie hatte jetzt einen neuen und beeindruckenden Lebenslauf und einen Fokus. Sie wusste, was für eine Stelle sie wollte, hatte Vorstellungen über ihre berufliche Entwicklung und begab sich auf die Suche.

Da ihr außerdem klar war, welche Art von Arbeit und Firmen sie nicht wollte, bewarb sie sich gar nicht erst um Tätigkeiten, die nicht richtig für sie waren, und verschwendete keine Zeit mit Enttäuschung und Frustration. Doch die Arbeitsmarktlage war angespannt. Also legte sie sich für den Fall, dass sie ihren Idealjob nicht innerhalb einer bestimmten Frist finden würde, einen Plan B zurecht. Sie war zielstrebig und motiviert.

Es ist immer wichtig, sich den Erwartungen der Coachees anzunehmen, erst recht aber bei niedrigem Beschäftigungsstand. Vermitteln Sie Strategien für die Stellensuche, die auf andere Lebensbereiche übertragbar sind, und machen Sie ihnen klar, dass sie sich ziemlich ins Zeug legen müssen – ohne Erfolgsgarantie!

Manche Menschen konzentrieren sich von Natur aus eher auf das, was sie nicht wollen. Diese Tendenz zum „Weg-von-Denken“ tritt in Zeiten hoher Arbeitslosigkeit stärker in den Vordergrund. So haben viele, die sich auf der Jagd nach einer Stelle befinden, eher den Job*mangel* im Blick und vergessen, dass bei einer Arbeitslosenquote von beispielsweise 15 Prozent die übrigen 85 Prozent ja Arbeit haben. Es sollte also darum gehen, wie man zu den 85 Prozent und nicht zu den gefürchteten 15 Prozent zählt. Nach dem Motto: Sie werden immer genau das bekommen, worauf Sie Ihren Blick richten! Henry Ford soll gesagt haben: Egal, ob du glaubst, dass du's kannst oder nicht – du hast recht!

Was Ihre Coachees als Nächstes tun, wird von den Erkenntnissen aus dem SWOT abhängen. Möglicherweise müssen sie gezielt ihre Stärken und Kompetenzen weiterentwickeln und auch an ihren Ressourcen und ihrer Vernetzung arbeiten.

5.2 Eine Bewerbungskampagne vorbereiten

Dazu müssen Profile und Materialien für die Jobsuche erstellt werden: Lebenslauf, Bewerbungsschreiben und Onlineprofile. Diese *Marketing*unterlagen sind nicht einfach nur „Informationsquellen", sondern dienen in erster Linie der Selbstdarstellung und sollen die Klienten im Bewerbungsverfahren einen Schritt weiterbringen, in der Regel zum Vorstellungsgespräch. Folgendes können Sie tun:

- Stellen Sie grobe Ansatzpunkte und einen Musterlebenslauf zur Verfügung und informieren Sie, wo und wie man zu einer Internetpräsenz kommt.
- Helfen Sie ihnen, dass sie in die richtige mentale Verfassung für die Erstellung der Unterlagen kommen.
- Sorgen Sie mit Ihren kritischen und aufmunternden Anmerkungen für die Optimierung der Unterlagen.

Vielen Menschen bereitet das Schreiben ihres Lebenslaufs arges Kopfzerbrechen und manchen graut regelrecht davor. Bei der widersprüchlichen Informationslage ist das auch kein Wunder. Folgende Prinzipien sollte man beachten:

- Ein Lebenslauf ist wie ein Fenster, durch das man der Welt zeigt, was sie von einem wissen soll.
- Er fasst überzeugend die Gründe zusammen, aus denen man eingestellt werden sollte.
- Er sollte authentisch widerspiegeln, wer man ist – Persönlichkeit und Leistungen sollten durchscheinen. Er kann einem Schema folgen, sollte aber auch individuelle Anteile enthalten.

- Er muss akkurat sein und perfekt aussehen – Daten, Rechtschreibung und Grammatik korrekt, gut aufgebaut und leicht verständlich, relevante Informationen schnell auffindbar, genau ausgerichtet, einheitlicher Schriftfont.
- Er sollte prägnant sein und nur relevante Informationen enthalten. Denken Sie daran, dass Personaler vielleicht Hunderte von Bewerbungen lesen und auch nur Menschen sind (die meisten jedenfalls – manche verwenden tatsächlich automatisierte Sortiersysteme). Sie langweilen sich schnell und suchen nach Gründen, um Bewerbungen abzulehnen.
- Der Lebenslauf sollte nur Erfolge und positive Eigenschaften enthalten, nicht Dinge, die schiefgelaufen sind oder die man als Schwäche auslegen könnte. An diesem Punkt wollen Personaler wissen, was die Kandidaten können – das Vorstellungsgespräch ist dann der Ort, wo sie nach potenziellen Kehrseiten forschen.
- Er sollte maßgeschneidert für die Stelle sein, um die man sich bewirbt. Dafür muss man einige Informationen über die Firma recherchieren und ggf. auch über die in der Anzeige erwähnten Personen. Es sollten Wörter aus der Anzeige aufgegriffen werden (automatisierte Systeme suchen oft nach genauer Übereinstimmung). Geben Sie nur Erfahrungen und Erfolge an, die den jeweiligen Anforderungen entsprechen.

5.2.1 *Das Allerwichtigste*

Die Wirkung von Lebensläufen und Bewerbungen hat vor allem mit der Geisteshaltung derjenigen zu tun, die sie verfassen. Daher sollte man dabei unbedingt positiv eingestellt sein. Es ist geradezu ein positiver Kreislauf – es motiviert einfach, wenn man sich auf Leistungen und positive Eigenschaften konzentriert und sie ansprechend präsentiert. Dafür eignen sich wiederum die Logischen Ebenen (Dilts & DeLozier, 2000) – siehe Kapitel 2. Bringen Sie Ihre Coachees dazu, die Ebenen durchzuarbeiten und ihre positiven Seiten zu benennen, vor allem diejenigen, die mit der betreffenden Stelle zu tun haben. Wer beispielsweise Geschäftsführerin sein will, sollte sich einmal wirklich in diese Position hineinversetzen und die Bewerbung aus der damit verbundenen selbstsicheren und positiven Geisteshaltung schreiben.

5.2.2 Die Form des Lebenslaufs

Damit die Coachees die für sich optimale und authentische Form entwickeln, dürfen sie nicht einfach das Muster kopieren, das sie von Ihnen erhalten haben, sondern sollten sich ein wenig kundig machen, sich gelungene Lebensläufe oder Anzeigen für die gewünschte Art von Tätigkeit anschauen.

5.2.3 Das Bewerbungsschreiben

Ein effektives Bewerbungsschreiben ist unerlässlich. Personaler sollten darin die „Quintessenz" erkennen und verstehen, warum und wie jemand die Kriterien erfüllt und die beste Besetzung für die Stelle ist. Aus dem Schreiben geht außerdem hervor, was jemand erreicht hat, welche Auswirkungen das gehabt hat und wie das auf die Jobbeschreibung passt.

Als Erstes gibt man die Tätigkeit an, um die man sich bewirbt, und deren Kennziffer, falls es eine gibt. Am besten geht man die Anzeige durch, streicht die wichtigsten Aspekte, Qualifikationen und Erfahrungen an und führt dann die treffendsten Beispiele dafür aus dem eigenen Lebenslauf an. Vielleicht stecken noch weitere Informationen zwischen den Zeilen, auf die man in dem Anschreiben eingehen kann: Sollte die gesuchte Person vielleicht praktisch oder doch eher strategisch veranlagt sein? Interessiert man sich mehr für Erfahrung als für formale Qualifikationen? All dies sollte aus dem allgemeinen Eindruck hervorgehen, den man über das Anschreiben vermittelt.

Das Ende muss stark sein und Lust wecken, den Bewerber zum Vorstellungsgespräch einzuladen. Etwa so: „Ich bin überzeugt davon, dass meine Mitarbeit Ihnen die Vorteile bringen wird, die Sie sich erhoffen, und würde mich über eine Gelegenheit freuen, das, was ich für Ihre Firma leisten könnte, mit Ihnen persönlich zu besprechen."

Und wenn man nicht alle Kriterien erfüllt? Dann sucht man im Lebenslauf nach übertragbaren Fähigkeiten oder Erfahrungen und erklärt, wie diese den Anforderungen gerecht werden.

5.3 Die Bewerbungskampagne

Es gibt zwei unterschiedliche Herangehensweisen. Die erste ist eher breit angelegt und besteht darin, dass man sich „auf den Markt wirft", netzwerkt und sich einen Namen macht. Niemand wird einen aufsuchen und an die Tür klopfen – man muss sichtbar und aktiv sein, auch in der eigenen Firma, falls man dort die Stelle wechseln möchte. Mithilfe von Inter- und Intranet ist dies so leicht wie noch nie.

Man kann aber auch gezielter vorgehen, etwa indem man sich mit Personalagenturen oder -beratungsfirmen für Führungskräfte in Verbindung setzt, sich auf ausgeschriebene Stellen bewirbt oder – am besten – Informationen über das eigene Netzwerk einholt, oder durch Weiterempfehlung. Viele Stellen werden ja gar nicht erst ausgeschrieben. Es kommt definitiv nicht darauf an, was man weiß, sondern wen man kennt!

Auch wenn man firmenintern sucht, sind gute Leistungen und harte Arbeit Voraussetzung, aber nicht ausreichend (Goddard, 2011). Auch hier muss man die „Spielregeln" kennen, d. h. wer eigentlich die Entscheidungen trifft und wie. Woher können Coachees Feedback zu dem Bild bekommen, das andere von ihnen haben? Indem sie beispielsweise ihren Vorgesetzten oder ihre Chefin fragen. Es herrschen die gleichen Prinzipien wie auf dem offenen Markt: Wie macht man auf sich, seine Talente und Leistungen aufmerksam? Etwa indem man bei abteilungsübergreifenden Projekten oder bei Profilierungsevents mitmacht, einen ausgefeilten Monatsbericht abliefert und seine Erfolge herausstellt. Über das eigene Netzwerk und das von Menschen, die einen schätzen, bekommt man Zugang zu Leuten, für die man gerne arbeiten würde, beispielsweise indem man sie zum Kaffee einlädt. So sagte eine Freundin einmal: „Ich treffe mich mit allen, die reden können und Kaffee trinken." In der Tat – da kommt eine Menge Kaffee zusammen! Damit die anderen nicht denken, dass sie sie nur dann kontaktieren, wenn sie etwas von ihnen wollen, sollten Ihre Coachees ihr Netzwerk regelmäßig pflegen. Sie können auch ihren Mentor oder ihre Mentorin um Rat, Informationen und die Vermittlung von Kontakten bitten. Das sollte allerdings wirklich jemand mit Einfluss sein. Ich erinnere mich noch daran, wie beeindruckt ich war, als eine Kollegin mir einmal erzählte, dass ihre Mentorin die geschäftsführende Leiterin meiner Abteilung war. Wie hatte sie das bloß hingekriegt? Antwort: Sie hatte sie einfach gefragt! Nicht nur wurde sie erstklassig betreut – da war auch das Strahlen, wenn sie sagte, ihre Mentorin sei geschäftsführende Abteilungsleiterin. Wer würde da nicht denken: „Die muss ja echt gut sein, wenn sich eine Geschäftsführerin für sie interessiert!"?

5.3.1 Netzwerken, Reputationsaufbau und Onlinebewerbungen

Der Aufbau eines Netzwerks und einer Reputation ist beruflich lebenswichtig, sowohl innerhalb als auch außerhalb der Firma und kann sowohl persönlich als auch virtuell geschehen, z. B. über Social-Media-Kanäle. Die Online-Präsenz ist keine Option mehr, sondern ein Muss. Denn was tue ich als Erstes, wenn ich jemand Neues kennenlerne? Ich suche im Internet nach dieser Person, um mehr über sie zu erfahren. Daher brauchen Ihre Klienten eine persönliche Marke und müssen über sich erzählen. Dadurch bleiben sie auch besser in Kontakt mit dem Geschehen auf dem Arbeitsmarkt und können nützliche Kontakte knüpfen.

Laut *Kelly Global Workforce Survey* (Kelly Services, 2011a) sind soziale Netzwerke und Online-Möglichkeiten bei der Stellensuche verbreitet. Es gibt dabei jedoch gewisse Altersunterschiede. Sehr aktiv zeigte sich die Generation Y in der Nutzung sozialer Netzwerke, hauptsächlich Facebook (40 Prozent) und danach LinkedIn (20 Prozent). Nur 24 Prozent der Generation X und der Babyboomer suchten überhaupt über soziale Netzwerke (hauptsächlich LinkedIn). Generationenübergreifend wendeten etwa zwei Drittel der Probanden nur eine Stunde oder weniger pro Tag für die Jobsuche über soziale Medien auf.

Hier können Jobsuchende ihr Profil posten, Bekannte kontaktieren und sich Foren und Gruppen mit gleichen Interessen und Kenntnissen anschließen – sie helfen anderen und stellen ihre Talente öffentlich zur Schau. Gleichzeitig können sie – und sollten es auch – Firmen, für die sie gerne arbeiten würden, auf Twitter folgen, sagt Gerry O'Neill vom Personaldienstleistungsunternehmen Penna. Unwissen über die Firmen, bei denen man sich bewirbt, sei durch nichts zu rechtfertigen.

Physische und virtuelle Formen des Netzwerkens sollten einander gut ergänzen und wohlüberlegt ausgewählt werden. Helfen Sie Ihren Coachees bei der Erkundung von Optionen bei optimalem „Zeit-Leistungs-Verhältnis". Sie müssen „da sein", und zwar dort, wo ihre potenziellen Arbeitgeber sind, etwa auf den Konferenzen der entsprechenden Berufsverbände, auf LinkedIn oder aktiv in Online-Diskussionsforen.

Noch heute denke ich daran, wie ich einmal nach einer Teilzeitbeschäftigung suchte und wie verrückt netzwerkte. Ich ging zu jedem monatlichen Human-Resources-Treffen und bat vorher immer um eine Liste der Anwesenden, aus der ich diejenigen auswählte, die ich ansprechen wollte. Wie freute ich mich, als ich den Namen der Geschäftsführerin las, bei der ich am folgenden Tag ein Vorstellungsgespräch haben würde! Ich sah zu, dass ich in dieselbe Diskussionsrunde kam wie sie und dort Eindruck machte. Am folgenden Tag spazierte ich ganz selbstbewusst zur Tür hinein und sagte zur Begrüßung, wie schön es sei, sie wiederzusehen. Im Gespräch konnte ich mich auf Themen beziehen, über die wir uns am Vorabend unterhalten hatten. Und ja: Ich bekam die Stelle!

Ich schreibe dies nicht, weil ich für LinkedIn werben möchte. Es geht mir vielmehr darum, dass Sie als Coach die infrage kommenden Social-Media-Plattformen und ihre Vorteile kennen und Ihren Coachees helfen, diejenigen zu nutzen, die ihren Bedürfnissen und Präferenzen am meisten entsprechen. Und denken Sie daran: Zeit ist kostbar. Helfen Sie ihnen, ihre Bemühungen zu fokussieren, um den maximalen Nutzen zu erzielen.

Wenn es um die eigentliche Bewerbung geht, nutzten Kelly (2011a) zufolge 24 Prozent der Generation X Online-Ausschreibungen und 22 Prozent Mundpropaganda, Generation Y respektive 31 und 23 Prozent. Bei den Babyboomern hatten immerhin 19 Prozent ihren Job online gefunden, etwa gleich viel durch direkten Kontakt mit den Arbeitsgebern und 22 Prozent per Mundpropaganda. Zweifelsohne werden Jobsuche und Einstellungsverfahren per Internet weiter zunehmen – jedes renommierte Unternehmen hat auf seiner Website eine Seite mit Stellenangeboten, wie auch Tageszeitungen, Fachzeitschriften und Personalagenturen, egal ob sie auf bestimmte Bereiche (z. B. Recht oder Rechnungswesen), Zielgruppen (z. B. Studierte, Arbeiter, Büroangestellte, Führungskräfte) oder Vertragsarten (z. B. unbefristet, befristet oder Zeitarbeit) spezialisiert sind oder nicht. Sie sind alle im Netz!

5.3.2 *Die Vorbereitung auf das Vorstellungsgespräch*

Damit Ihre Coachees ihr Bestes geben, können Sie ihnen sowohl praktisch als auch psychisch helfen.

Die wichtigsten Prinzipien

- Dass die Bewerber/innen sich gut präsentieren, liegt auch im Interesse derjenigen, die auf der anderen Seite des Tisches sitzen. Glauben Sie mir – ich habe oft genug auf dieser Seite gesessen: Nichts ist so demoralisierend, als einen ganzen Tag oder sogar mehrere Tage mit schlecht vorbereiteten, zugeknöpften oder unkonzentrierten Kandidaten und Kandidatinnen zu verbringen, die keine Ahnung haben, wie man seine Eignung für eine Stelle beweist.
- Ein Vorstellungsgespräch ist im Grunde genommen ein Verkaufsgespräch. Man beschreibt seine Erfahrungen und Leistungen, jedoch frei von Arroganz und ohne mit jedem Wort zu sagen, wie toll man sei. Es ist besser, seine Qualitäten für sich selbst sprechen zu lassen.
- Weitere Hausaufgaben: Man sollte online, über Printmedien und das eigene Netzwerk so viel wie möglich über die Firma und die Menschen, denen man sich vermutlich vorstellen wird, in Erfahrung bringen. Wen kennt man? Wer könnte helfen? Immer wieder: netzwerken!!
- Man sollte die Antworten auf etwaige Fragen schon vorher parat haben und drei überzeugende Argumente vorbringen können. In der Hitze des Gefechts vergisst man leicht etwas, doch je besser man dies vorher gut einstudiert, desto sicherer wird man sich an das Wichtigste erinnern. Angaben zur eigenen Person sollten mit Kenntnissen über die Firma verbunden werden. Bewirbt man sich etwa für eine Marketingtätigkeit und weiß, dass die Firma eine bestimmte Kampagne in den Medien gestartet hat, könnte man eine ähnliche Aktion erwähnen, die man selbst schon einmal durchgeführt hat.
- Außerdem sollte man sich Fragen überlegen, die zeigen, was man schon über die Firma weiß. Sie sollten zu der Tätigkeit passen, für die man sich bewirbt, dürfen jedoch nicht zu direkt und persönlich sein, also keine Fragen nach dem Gehalt und der Bonusregelung! Das kann man in Erfahrung bringen, wenn einem die Stelle angeboten wird!
- Man antwortet auf das, was man gefragt wird, nicht auf das, das man gefragt werden möchte, und achtet darauf, alle wesentlichen Punkte zu kommunizieren, die dafür sorgen, dass die Bewerbung Erfolg hat.

- Für Fragen nach Erfahrung und Erfolgen eignet sich die STAR-Methode (siehe unten). So lässt sich sicherstellen, dass man die wichtigsten Aspekte in logischer und verständlicher Weise abhandelt.
- Das Wichtigste wurde vorgetragen? Dann heißt es: Stopp! Nicht ausufern oder endlos weiterreden!
- Am Ende des Gesprächs sollte man zwei Dinge tun: (1) überlegen, ob bei irgendeiner Antwort eventuell Zweifel aufgekommen sind. Das kann man ruhig laut sagen: „Ich hatte das Gefühl, dass Sie Bedenken hatten wegen meiner geringen Erfahrung mit Verträgen. Ich möchte Ihnen versichern, dass ich wirklich weiß, worauf es ankommt, nämlich dass man langfristige Kundenbeziehungen aufbaut und gleichzeitig auf die Gebühren achtet. Ich kann alle Fähigkeiten, die ich in anderen Bereichen erworben habe, leicht übertragen, was meine Erfolge in allen Bereichen, in denen ich bisher tätig war, ja auch beweisen."
- Falls man etwas Wichtiges nicht erwähnen konnte, kann man sagen, dass man gern noch etwas hinzufügen möchte, das der Gesprächspartner besser wissen sollte.
- Man fasst noch einmal zusammen, warum man sich für die beste Kandidatin hält.
- Bieten Sie Ihren Coachees ein Rollenspiel an, das ist außerordentlich hilfreich und einfach unschlagbar. Ich erinnere mich daran, wie ich das erste Mal in der Rolle der Bewerberin steckte – furchtbar! Aber immerhin wusste ich: So schlecht würde ich *nie wieder* sein!

5.4 Wie Sie praktische Unterstützung leisten können

Geben Sie Feedback zu den vorbereiteten Antworten auf wahrscheinliche Fragen. Erstere ergeben sich aus Probe-Vorstellungsgesprächen mit Ihnen, Freundinnen und Verwandten.

5.4.1 *Fragen*

Viele Firmen lassen Vorstellungsgespräche von erstklassig ausgebildeten und versierten Personalfachkräften durchführen, meist nach einem bestimmten Muster, etwa eine Version oder Kombination „strukturierter Einstellungsinterviews" („Structured Behavioral Interviews" [SBI]; Salgado & Moscoso, 2002). Diese können kompetenzbasiert, verhaltensorientiert (BDI – „Behavioral Description Interviewing“; Janz, 1977, 1982, 1989), situational (SI – „Situational Interviewing“; Latham, Saari, Pursell & Campion, 1980) oder kriterienbasiert sein. Bewerbungsgespräche können aber auch unstrukturiert oder halb strukturiert ablaufen und von der Qualität her erheblich variieren.

Es ist egal, mit welchen Menschen oder Gesprächsarten Ihre Coachees es zu tun haben – wenn sie proaktiv sein wollen, sollten sie sich vorbereiten und dafür sorgen, dass sie alle relevanten Informationen beisammen haben, die sie als die bestgeeignete Person für die Stelle ausweisen und gleichzeitig ihre Persönlichkeit durchscheinen lassen.

Bei der so wichtigen Vorbereitung und Übung können Sie helfen. Ihre Coachees sollten ihre wesentlichen Erfolge und andere wichtige berufliche Ereignisse beschreiben können. Des Weiteren sind alle möglichen Fallen zu bedenken, die sich im Lebenslauf oder im Anschreiben verbergen könnten. Sorgen Sie dafür, dass sie sich außerdem Antworten auf heikle Fragen zurechtlegen, wie z. B.: „Warum sollte ich Ihnen diese Stelle geben?“ Oder: „Wie werden Sie den Firmenwert in 30/60/90 Tagen steigern?“ (Mattson, zitiert in Levin-Epstein, 2011). Ein Lebenslauf ist geradezu eine Einladung an den Arbeitgeber, diesbezügliche Fragen zu stellen. Ist man darauf vorbereitet, fallen die Antworten besser aus und man hat mehr Selbstvertrauen.

Helfen Sie Ihren Coachees bei der Auswahl derjenigen Fragen, die höchstwahrscheinlich drankommen werden. Tony Goddard (↗ http://www.tonygoddardconsulting.com/career-coaching/interview-questions) zufolge sollten Bewerber in der Lage sein, ihren Lebenslauf in vier Minuten konstruktiv zusammenzufassen.

Welche Kompetenzen verlangt werden, kann man aus der Anzeige ableiten oder einer Liste entnehmen, die manche Firmen verschicken. Damit vergleicht man dann die Beispiele aus dem eigenen Leben und konstruiert eine Antwort, die zeigt, dass man auf den jeweiligen Gebieten erfolgreich gewesen ist. Wenn keine Liste zur Verfügung gestellt wird oder die erforderlichen Fähigkeiten und Qualitäten nicht offensichtlich sind, orientieren Sie sich an folgenden Anhaltspunkten:

- Ergebnis- und Leistungsfokus
- Kundenfokus
- Problemlösungen und Entscheidungen
- Teamarbeit
- Kommunikation
- Beziehungsaufbau
- Kreativität und Innovation
- Führung von Menschen
- Kaufmännische und finanzielle Aspekte
- Strategie und Planung
- „Fachspezifisches", d.h. die besonderen Fähigkeiten, die mit dem jeweiligen Gebiet zu tun haben

5.4.2 *Die „STAR"-Methode*

STAR (engl.: situation, task, action, results) ist ein hocheffektiver Ansatz zur Vorbereitung auf Fragen, die im Vorstellungsgespräch gestellt werden könnten.

Hier geht es nicht darum, dass man sagt, was man in einer bestimmten Situation wohl tun würde, sondern eher um die Dinge, die man tatsächlich getan hat, und zwar in Bezug auf die für die jeweilige Stelle gefragten Fähigkeiten.

Wiederum nehmen Ihre Coachees Anzeige und Lebenslauf zur Hand und legen sich Antworten zu den relevanten Themen zurecht. Wird z.B. eine ergebnisorientiert arbeitende Person gesucht, suchen sie das beste Beispiel aus dem Lebenslauf heraus und bereiten eine Antwort darauf vor. Sie lesen zwischen den Zeilen, halten Ausschau nach Dingen, die wichtig sind, aber nicht explizit genannt werden, und entscheiden, was von dem, was Sie zu bieten haben, wichtig ist. Dies ist ihr Alleinstellungsmerkmal. Das Ziel ist, eine überzeugende „Erfolgsbotschaft" zu vermitteln. Wie schon Seth Godin in einem Interview mit Vivian Giang sagte: „Wenn Sie nur Durchschnitt sind, landen Sie ganz unten" (Giang, 2012). Kernbotschaft an Ihre Coachees: Profilieren Sie sich und erzählen Sie, was Sie einzigartig macht, dann werden Sie nicht nur eingestellt, sondern bekommen auch mehr Geld! Folgen Sie hingegen nur den Vorgaben, können Sie den Wettlauf nach oben nicht gewinnen und landen im Keller!

5.4.3 *Rollenspiele*

Bringen Sie Ihren Coachees bei, sich auf das zu konzentrieren, was sie erreichen wollen – sowohl auf das Ziel als auch auf den Prozess, und zwar so lange, bis sie selbstbewusst und glaubwürdig von ihren Erfolgen erzählen und sogar Freude daran haben. Führen Sie mindestens ein Rollenspiel durch und geben Sie ihnen möglichst viele Gelegenheiten, die vorbereiteten Antworten mit Ihnen zu proben. Ermutigen Sie sie, dies auch mit Freunden und Familienangehörigen zu tun.

Ein „Fallbeispiel" kann mehrere Fähigkeiten demonstrieren, z. B. zu effektiven Arbeitsbeziehungen und zum Umgang mit schwierigen Menschen. Überlegen Sie also gemeinsam unterschiedliche Fragen zu ein und derselben Information. Auf diese Weise werden die Coachees auf jeden Fall gut vorbereitet sein und mehr Selbstvertrauen haben. Je besser man vorbereitet ist, desto mehr Hirnkapazität bleibt einem für den Umgang mit Überraschungen.

5.4.4 *Vorbereitung auf Tests*

Manche Organisationen führen im Rahmen des Bewerbungsprozesses, vor allem aber bei Kandidaten und Kandidatinnen, die gerade von der Uni kommen, Eignungstests durch, in denen Fähigkeiten abgeprüft werden, etwa zum logischen Denken und zum Zahlenverständnis sowie zu Persönlichkeitstests.

„Goldene Test-Regeln":

- Bevor die Coachees antworten, sollten sie jede Frage sorgfältig lesen und sich vergewissern, dass sie das Bewertungssystem verstanden haben.
- Bevor die Coachees antworten, sollten sie jede Frage sorgfältig lesen und sich vergewissern, dass sie das Bewertungssystem verstanden haben!
- Ja wirklich! Bevor die Coachees antworten, sollten sie jede Frage sorgfältig lesen und sich vergewissern, dass sie das Bewertungssystem verstanden haben!! Es gibt keinen direkteren Weg zur Niederlage als zu meinen, „1" bedeute „nicht zutreffend", wenn das Gegenteil der Fall ist!
- Sie müssen wissen, wie viel Zeit ihnen zur Verfügung steht, damit sie wirklich alle Fragen beantworten können. Bei Eignungstests sollte man sorgfältig, aber schnell sein. Bleibt man an einer Frage hängen, geht man einfach zu nächsten über und nimmt sie sich später noch einmal vor.

- Bei Persönlichkeitstests sollte man sich auf seine Intuition verlassen und nicht jede Frage analysieren und stundenlang darüber brüten.
- Bei Persönlichkeitstests ist man am besten ehrlich und überlegt nicht, was die Organisation erwartet. Erstens werden die Antworten auf Widersprüchlichkeiten geprüft und zweitens – was nutzt es, wenn man eine Stelle bekommt, für die man eigentlich ungeeignet ist, und dann wahrscheinlich unglücklich wird?

5.4.5 Assessment-Center

Bei der Vergabe von höheren Posten oder zur Vermittlung von Hochschulabsolventen nutzen manche Organisationen Assessment-Center. Hier finden Vorstellungsgespräche statt, aber auch Eignungs- und Persönlichkeitstests. Die Kandidaten und Kandidatinnen werden zu einer Diskussion geschäftlicher Probleme eingeladen, die sie anschließend analysieren sollen, um dann Lösungsvorschläge zu erarbeiten. Nicht unüblich sind Präsentationen zu einem vorgegebenen oder selbst gewählten Thema. Helfen Sie Ihren Coachees, sich gründlich darauf vorzubereiten!

5.5 Die psychische Vorbereitung

Hier kann man entweder mit Visualisierungen oder nach der kognitiv-behavioralen Coaching-Methode (KBC) arbeiten.

5.5.1 Visualisierung

Diese Technik eignet sich vor allem zur Vorbereitung auf Vorstellungsgespräche oder generell auf alle Arten von Besprechungen wie etwa für ein Netzwerktreffen. Die Coachees sollten sich im Geiste selbst sehen, wie sie das Vorstellungsgespräch erfolgreich bewältigen. Geleiten Sie sie verbal durch den Prozess, von Anfang bis Ende. Sie sollen sich vorstellen, wie sie das Gebäude, wo das Gespräch stattfindet, selbstbewusst betreten, in Empfang genommen werden, die Fragen sicher und klar beantworten und wie es ihnen danach gehen wird. Bestehen Sie darauf, dass sie sich wirklich in ihre Rolle hineinversetzen und sich darauf konzentrieren, was sie auf dem Heimweg fühlen wollen – etwa „Stolz und Gewissheit, weil ich weiß, dass ich mein Bestes gegeben habe und alle Argumente wunschgemäß vorbringen konnte".

Tun Sie dies so lange, bis Ihre Coachees wirklich Spaß daran haben, über ihre Erfolge zu sprechen und sich ihrer Antworten so sicher sind, dass sie beim Gedanken an das Vorstellungsgespräch ein Schauer der Erregung (oder je nachdem, für welches positive Gefühl sie sich entscheiden) überkommt.

5.5.2 Kognitiv-behaviorales Coaching (KBC)

KBC stammt aus der kognitiven Verhaltenstherapie (KBT) nach Aaron Temkin Beck (Curwen, Palmer & Ruddell, 2000). In den 1960er-Jahren hatte er bemerkt, dass Patienten in einem „inneren Dialog" mit sich selbst sprachen. Sie waren sich dessen nicht vollkommen bewusst, konnten jedoch lernen, ihre Gedanken wahrzunehmen, wiederzugeben und so abzuwandeln, dass sie hilfreicher waren. Hört man etwa dieses leise Raunen: „Für wen hältst du dich eigentlich, dass du dich um solch einen Job bewirbst?", kann man daraus machen: „Mit all dem, was du in den letzten fünf Jahren geleistet hast, bist du für diesen Job bestens gerüstet". Man geht davon aus, dass das Verhalten nicht von der Situation beeinflusst wird, sondern von den Gedanken und Gefühlen sowie der Bedeutung, die die betreffende Person ihnen zuschreibt (McMahon & Archer, 2010). In Großbritannien wurde dieses Modell von McMahon, Palmer, Dryden und Neenan weiterentwickelt.

Der kognitive Verhaltensansatz ist so wirkungsvoll, weil einem die eigene Denkweise bewusst wird und deren Vor- und Nachteile und man so zu besseren Alternativen findet. Man lernt die „kognitiven Verzerrungen" zu identifizieren (Dryden & Neenan, 2004), wie zum Beispiel:

- Positives abwerten: „Ich weiß, dass ich das in der Übung gut konnte, aber im entscheidenden Augenblick werde ich versagen."
- Hellsehen: „Das wird sicher ganz furchtbar."
- Opfersprache: „Es bleibt mir gar nichts anderes übrig – ich muss mich um diese Stelle bewerben, weil es gerade so wenig Jobs gibt."
- Verallgemeinerungen: „Vorstellungsgespräche verbocke ich grundsätzlich."

Es folgt ein Fallbeispiel, das zeigt, wie KBC oder „Angeleitete Erkundungsreisen" (McMahon, 2006) funktionieren.

5.5.3 Fallbeispiel: Claudine

Claudine sollte im Rahmen ihrer Bewerbung um eine heiß ersehnte Stelle einen Vortrag halten. Sie fürchtete sich davor, war nervös und musste immer wieder an zwei Kollegen denken, die das fantastisch konnten – echt witzig, fesselnd und klug. An die würde sie nie heranreichen. Diese Gedanken und Vergleiche führten dazu, dass sie sich für untauglich und dumm hielt, nervös wurde und befangen war. Infolgedessen stellte sie beim Vortragen unbewusst ihr Licht unter den Scheffel. Auch sie konnte fesseln, aber ihr Stil war ein anderer. Durch meine Fragen wurde sie sich dieser Gedanken und Gefühle bewusst. Sie erkannte die Wirkung ihrer Präsentationsfähigkeiten und konnte ihre Verhaltensweisen auf konstruktive Weise verändern (siehe Abb. 5.2).

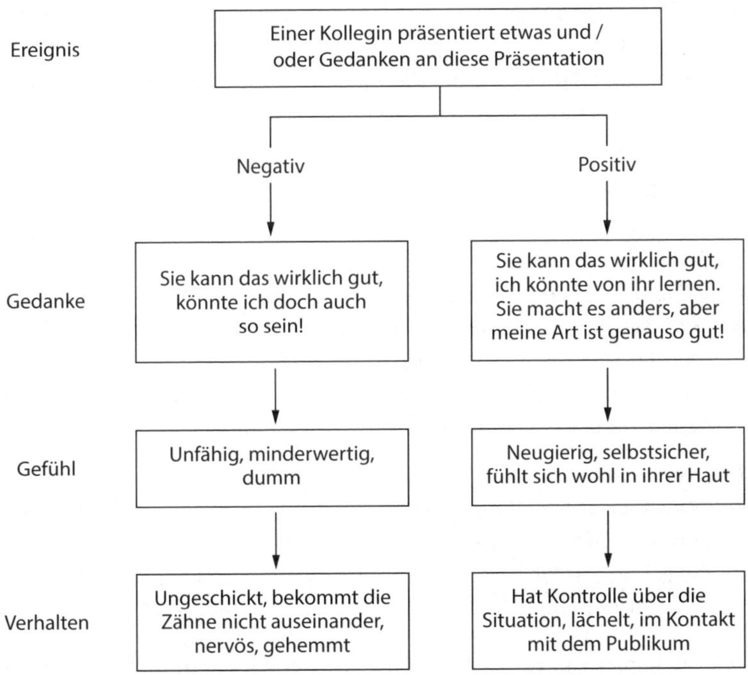

Abbildung 5.2: Kognitiv-behaviorales Coaching (KBC) – Beispiel

Dieselbe Technik kann auch bei anderen behindernden Faktoren verwendet werden, z. B. bei mangelndem Selbstvertrauen oder Selbstwertgefühl, bei Perfektionismus, Lampenfieber oder Angst vor Entlassung.

5.5.4 KBC Schritt für Schritt (in Anlehnung an Debra Jinks, 2011)

1. ***Die aktuelle Situation:***
   - „Erzählen Sie mir von der Situation, in der Sie sich derzeit befinden."
   - „Welche Gedanken gehen Ihnen dabei durch den Kopf? Was in Bezug auf Sie und Ihre Situation halten Sie für wahr?"
   - „Wie fühlen Sie sich, während Ihnen diese Gedanken durch den Kopf gehen?"
   - „Was tun Sie aufgrund dieser Gedanken und Gefühle bzw. was tun Sie nicht?"
   - „Wie sind all diese Dinge miteinander verbunden?"
   - „Welche Gedanken, Annahmen und Verhaltensweisen könnten Sie hemmen?"
2. ***Herausforderung und Veränderung:***
   - „Wie könnten Sie anders darüber denken? Was könnten Sie stattdessen glauben?"
   - „Was würde daraus folgen?"
   - „Welche Beweise sprechen für Ihre neue(n) Annahme(n)? Welche würden Ihre neue Denkweise unterstützen?"
   - „Was können Sie außerdem tun, um Belege zur Unterstützung Ihrer neuen Denkweise zu finden?"
3. ***Die Konsequenzen:***
   - „Wie könnten Sie nun auftreten, mit diesen neuen Gedanken, Annahmen, Gefühlen und Verhaltensweisen?"
   - „Was können Sie tun, um die neue Art des Denkens, Fühlens und Verhaltens beizubehalten?"

Stellen Sie gemeinsam mit Ihren Coachees einen persönlichen Entwicklungsplan auf, der auch die neuen Denk- und Verhaltensweisen enthält.

5.6 Am Tag des Vorstellungsgesprächs

Coachen Sie sowohl durch die praktischen als auch durch die psychischen Aspekte. Haben Ihre Coachees beispielsweise schon geplant, wie sie pünktlich an den Ort des Vorstellungsgesprächs kommen? Was werden sie gegen etwaige Nervosität unternehmen?

5.6.1 *Entscheidungsfindung bei Optionen und Angeboten*

Der große Moment ist da: Ihre Coachee bekommt ein Angebot – oder sogar mehrere – und steht nun vor der Entscheidung. Jetzt haben Sie folgende Aufgaben:

- Forschen Sie nach und helfen Sie ihr, sich ihre üblichen Entscheidungsmethoden bewusst zu machen, und bieten Sie gegebenenfalls bessere an. Erstaunlicherweise ist vielen Menschen nicht bewusst, wie bei ihnen ein Entscheidungsprozess abläuft oder sie haben ein begrenztes Repertoire, das erweitert werden könnte, um bessere Entscheidungen zu treffen.
- Es ist *nicht* Ihre Aufgabe, ihren Coachees auch nur andeutungsweise zu sagen oder vorzuschlagen, was sie tun sollten. Damit sie sich mit ihrer getroffenen Entscheidung wohlfühlen können, brauchen sie eine Methode, die zu ihnen passt. Und: *Die Coachees müssen selbst entscheiden.*

Was braucht jemand, um sich für eine Vorgehensweise zu entscheiden? Im NLP spricht man von „Überzeugermustern" (convincer patterns) (Knight, 2009). Diese hängen von der Art der Informationsaufnahme ab. Es gibt unterschiedliche Präferenzen: visuelle Demonstration oder Präsentation, auditive Erklärung oder Erörterung, aktives Ausprobieren, detaillierte Erforschung oder auch ein langsames Eindringen ins Bewusstsein; es kann aber auch eine Kombination sein. Was für einen selbst am besten funktioniert, kann man herausfinden, indem man überlegt, wie man in der Vergangenheit zu Entscheidungen gekommen ist.

Falls Sie Ihre Coachee noch nicht so gut genug kennen und nicht wissen, welche Entscheidungsfindungsmethode für sie am besten funktioniert, bieten Sie verschiedene an.

1. Stellen Sie Fragen:
   - „Wie wird es Ihnen in zwölf Monaten ergehen, wenn Sie dazu Ja (oder Nein) sagen?"
   - „Wie glauben Sie wird Ihr Leben in einem, zwei, fünf oder zehn Jahren aussehen, wenn Sie Ja (oder Nein) dazu sagen?"
   - „Was wäre das Schlimmste (oder Beste), das passieren könnte, wenn Sie Ja (oder Nein) dazu sagen?"
   - „Was müsste geschehen, damit Sie Ja (oder Nein) dazu sagen?"
   - „Was hält Sie davon ab?"
   - „Nehmen Sie einmal an, Sie hätten unendlich viel Zeit und Geld – was würden Sie tun?"
   - „Wenn Sie wüssten, was zu tun wäre – was würden Sie tun?"
   - „Wenn Sie sich für X entscheiden würden – welche Vorteile (oder Nachteile) könnten sich daraus ergeben?"
   - „Was würde passieren, wenn Sie nichts täten?"
2. Bieten Sie logische, strukturierte Optionen, wie z. B.: eine Liste mit den Faktoren erstellen, die dafür und dagegen sprechen, diese dann bewerten und in eine Rangfolge bringen.
3. Erzählen Sie, wie Sie selbst Entscheidungen getroffen haben oder wie andere in einer ähnlichen Zwickmühle sich entschieden haben und was daraus folgte. Viele Menschen finden es aufschlussreich zu hören, wie andere mit ähnlichen Ambitionen sich entschieden und das Ziel ihrer Wünsche erreicht haben.
4. Greifen Sie noch einmal die Prioritäten Ihres Klienten auf, zum Beispiel seine Zufriedenheitsfaktoren. Werden in der anstehenden Entscheidung genügend Kriterien erfüllt? Führt die Entscheidung ans ultimative Ziel oder ist sie nichts weiter als ein Sprungbrett?
5. Nutzen Sie einen Gestaltansatz, durch den die Entscheidung nicht forciert wird, sondern langsam zum Vorschein kommen kann (Leary-Joyce, 2010).

5.6.2 Eine Gestaltmethode zur Entscheidungsfindung

- Geben Sie Ihren Coachees ein DIN-A4-Blatt und Farbstifte. Bitten Sie sie, das Blatt im Querformat durch eine senkrechte Linie in zwei Spalten zu teilen. Eine Spalte bekommt die Überschrift „Job akzeptieren“ (oder einer anderen Option), die andere, die jeweilige Alternative, z. B. „Job ablehnen“ oder „Aktuelle Stelle behalten“.
- Schreiben bzw. zeichnen Sie alles auf, was den Coachees bei der Vorstellung, dass sie sich für eine Option entscheiden, durch den Kopf geht. Helfen Sie ihnen bei Bedarf durch Fragen wie etwa: „Was sehen, hören, fühlen Sie?“.
- Verfahren Sie genauso mit der anderen Spalte.
- Fragen Sie sie, was ihnen auffällt. Sorgen Sie dafür, dass sie ihre Aufmerksamkeit schweifen lassen und spontane Einfälle hinzufügen.
- Um herauszufinden, was für einen selbst richtig ist, verlässt man sich am besten auf seine Intuition. Die Antwort wird während des Prozesses schon irgendwann auftauchen.

5.6.3 Die Vertragsverhandlung

Hat man sich für ein Job-Angebot entschieden, steht man vor dem nächsten Dilemma: Der Arbeitsvertrag und die genaue Stellenbeschreibung müssen ausgehandelt werden. Da es in diesem Buch nicht um Verhandlungskompetenz geht, werde ich mich hier auf einige Prinzipien beschränken, die sich in meiner Erfahrung für Übergangssituationen als wichtig erwiesen haben:

- Menschen, die ihren Wert höher einschätzen und einen höheren Betrag als Gehaltsvorstellung nennen, verdienen auch mehr. Dies hat teilweise mit dem von Daniel Kahneman (2012) so bezeichneten „Ankereffekt“ zu tun: Bewusst oder unbewusst bleibt immer die Zahl im Gedächtnis hängen, die man zuletzt gehört hat. Vielleicht bekommt man am Ende etwas weniger als angegeben, sicherlich jedoch nicht mehr! Denken Sie außerdem daran, dass man niemals wieder so eine gute Gelegenheit haben wird, mit einem Arbeitgeber über das höchstmögliche Gehalt und optimale Vertragsbedingungen zu verhandeln. Denn ist man erst einmal drinnen, gelten die Grenzen von Gehaltsbudgets und -margen.
- Eventuell muss man sich mit wenig hilfreichen Überzeugungen in Bezug auf Verhandlungssituationen auseinandersetzen, z. B. dass man

nicht gut darin sei oder dass man sich in dem Moment, wo man ein Angebot bekommt, auf der Stelle entscheiden müsse. Auch diese Überzeugungen können Sie mit KBC behandeln.

- Sorgen Sie dafür, dass Ihre Coachees sich nicht unter Druck gesetzt fühlen, sofort auf ein Angebot zu reagieren, sondern entspannt um Bedenkzeit bitten können.
- Um sich für ein akzeptables Gehalt zu entscheiden, empfiehlt sich eine Technik, die auf dem Ankereffekt nach Kahneman basiert. Nennen Sie Ihren Coachees eine Zahl und fragen Sie sie, ob das Gehalt darüber oder darunter liegen sollte. Sie können auch verschiedene Zahlen nennen und darauf vertrauen, dass sich ein Gefühl dafür einstellen wird, welche davon akzeptabel ist.

5.7 Die Selbstständigkeit

„Das Leben ist wie ein Experiment – man probiert etwas aus, lässt sich darauf ein und findet heraus, was man mag und was nicht. Ich tu das oft. Ich lasse mich lieber treiben, als meine Nische zu definieren – die Welt ist mir einfach zu groß dafür. Vor fünf Jahren habe ich meine Vollzeitstelle gekündigt und weiß nun viel besser, wie ich die verschiedenen Arbeitsprozesse unter einen Hut bekomme und alle Fäden in der Hand halte."

Angela Watson, Careers After Forty Coach, *PGD Coaching Solutions*

„Als ich 2006 zum ersten Mal mit Coaching in Kontakt kam, wurde mir irgendwie klar, dass das etwas für mich war. Also machte ich eine Ausbildung und dachte dann, ‚Hey, jetzt bin ich Life-Coach!' Ziemlich bald merkte ich, dass ich eine Nische brauchte, und entschied mich erst einmal für Berufscoaching, weil ich mich auf dem Gebiet Human Resources in Großunternehmen auskannte und selbst meinen Beruf gewechselt hatte. Inzwischen arbeite ich immer öfter mit Menschen, die sich selbstständig machen wollen, da ich auch diese Erfahrung selbst gemacht habe."

Karen Williams, *Self Discovery Coaching*

Zwei sehr verschiedene Ansätze der Unternehmensgründung und dennoch ähnlich spannende Lebensgeschichten.

Wo würden denn Sie ansetzen, um angehende Existenzgründer oder feste und unabhängige Freelancer auf den richtigen Weg in die Selbstständigkeit zu bringen? Kein Problem – „Patentrezepte" oder „Tipps und Tricks" gibt es inzwischen in Hülle und Fülle. Aber wie findet man die beste Methode? Angela und Karen sind der Meinung, dass verschiedene Ansätze für verschiedene Menschen funktionieren.

Deswegen werde ich hier nur die wichtigsten Dinge behandeln, die es in Bezug auf die Selbstständigkeit zu beachten gilt. Ich werde verschiedene Optionen aufzeigen, aus denen Sie dann diejenige auswählen können, die am besten auf Sie und den jeweiligen Coachee passt, wahrscheinlich wird es eine Kombination sein aus Ihrem eigenen Hintergrund und Ihren Präferenzen und denen Ihrer Coachees. Schauen Sie sich auch den ersten Teil des Kapitels über die Stellensuche noch einmal an – die Prinzipien und Herausforderungen sind die gleichen.

Dieses Buch sollte kein umfassender Ratgeber zur Unternehmensgründung werden, daher finden Sie darin zwar nützliche Informationsquellen, doch alles, was darüber hinausgeht, müssen Sie selbst in Erfahrung bringen und entsprechend mit Ihren Coachees erarbeiten.

5.7.1 *Die generelle Strategie*

Hier können Sie aus einem Spektrum auswählen, das von logisch und strukturiert bis experimentell und „emergent" reicht und sogar – je nach Phase und Zweck – wechseln kann.

Die logisch-strukturierte Strategie:
- Die Person – was verspricht sie sich von der Selbstständigkeit und ist sie dafür geeignet?
- Die Geschäftsidee – Marktchancen und Geschäftsmodell
- Aspekte der Durchführbarkeit – Businessplan, Unternehmensform, finanzielle und andere Ressourcen
- Das erfolgreiche Unternehmen – schließt alle bisher erwähnten Punkte mit ein

Eine emergente, experimentelle Strategie, wie sie Angela Watson in ihrem Coaching verwendet, wird der Energie der Coachees folgen. Man tauscht Erfahrungen aus, sucht gemeinsam nach den Erfolgsgeschichten anderer und hilft den Coachees schließlich, ihre eigene zu finden.

In diesem Abschnitt stelle ich einige Ansätze und Methoden vor, „von der Struktur her“ werde ich jedoch dem logischen Ansatz folgen, weil das für die meisten von Ihnen vermutlich am einfachsten ist. Ich gehe davon aus, dass Ihr/e Coachee bereits eine Vision und ein wohlgeformtes Ziel (WFO) hat und nun mit der Untersuchung der praktischen Aspekte der Selbstständigkeit beginnt.

Außerdem wäre zu bedenken, dass der Wechsel in die Selbstständigkeit ein längerfristiges Unterfangen ist. Ich habe für dieses Wagnis über zehn Jahre gebraucht und auch andere brauchen für dieses Vorhaben – aus unterschiedlichen Gründen – viel Zeit.

Blogging- und Social-Media-Coach Andy Britnell entwickelte schon während seiner Angestelltenzeit im Verkauf ein sehr klares Bild der zur Führung seines eigenen Unternehmens benötigten Fähigkeiten und Erfahrungen sowie die passende Strategie dafür. So verkündete er als Allererstes seinem Chef, dass er bei ihm keine Karriere machen würde, sondern nützliche Dinge lernen wollte und den Job sozusagen als Eintrittskarte und Sprungbrett für später brauchte.

Um die handlungsbasierte emergente Strategie geht es in Herminia Ibarras Buch „*Working Identity: Unconventional Strategies for Reinventing Your Career*“ (2003), in dem sich auch Angela Watson wiederfand.

5.7.2 Selbst und ständig!

Das Prinzip der Selbstständigkeit „Selbst und ständig!“ kann sowohl aufregend als auch entmutigend sein und ist nicht für alle Menschen geeignet. Aus meinen eigenen Nachforschungen und Erfahrungen zu diesem Thema sind drei Dinge in meinem Gedächtnis haften geblieben:

- „Überlegen Sie sich das gut – und dann denken Sie noch mal ganz genau nach“ (Johnson, 2005).
- „Sie müssen alles selbst machen, ... sich selbst Starthilfe geben, selbst auf gute Ideen kommen, sich selbst steuern“ (Oglethorpe, 2012).
- Aller Wahrscheinlichkeit nach wird nicht alles erwartungsgemäß klappen, daher muss man wirklich offen für sämtliche Möglichkeiten bleiben und gleichzeitig das größere Ziel im Auge behalten.

Der erste Schritt besteht also darin, ernsthaft über die Eignung nachzudenken. Die Coachees sollten sich Folgendes klarmachen:

- Was bringe ich mit, um als Selbstständige/r erfolgreich zu sein?
- Was könnte meine Erfolgschancen mindern?
- Komme ich mit diesen „Risiken" zurecht, bin ich überhaupt bereit, damit zurechtzukommen, und wie mache ich das?

Zeigen Sie ihnen, wie man Informationen sammelt, austestet, darüber spricht und darüber nachdenkt. Dafür gibt es vier Möglichkeiten:

1. SWOT – ein guter Ausgangspunkt, nicht nur für die Stellensuche, sondern auch für Überlegungen hinsichtlich einer Existenzgründung. Sehr hilfreich zur Feststellung der Eignung und Motivation für die Selbstständigkeit.
2. Selbsteinschätzungsfragebogen – mit ehrlichem Input von anderen Menschen, die die Coachees gut kennen, inklusive Ihrem eigenen.
3. Persönlichkeitsprofile – bewährte Tests, die auf Vergleichen mit der Durchschnittsbevölkerung basieren.
4. Ein experimenteller, erfahrungsbasierter, emergenter Ansatz – nutzen Sie Techniken wie Clean Networks (mehr dazu auf Seite 144), wenn Sie darin ausgebildet sind. Wenn nicht, können Sie trotzdem nach den Prinzipien arbeiten.

Und nun noch einmal etwas genauer, der Reihe nach:

1. SWOT: Genau derselbe Prozesse, Vorteile, Für und Wider, wie bei der Stellensuche. Sorgen Sie dafür, dass Ihre Coachees ihre Leidenschaften und Talente herausfinden. Diese werden sie nämlich brauchen, wenn sie alleine losziehen und Menschen dazu bewegen wollen, mit ihnen ins Geschäft zu kommen. Immer wieder zeigt sich: Für ein erfolgreiches Unternehmen ist nichts wichtiger als das.

2. Selbsteinschätzungsfragebogen: Sie können einen eigenen Fragebogen entwickeln, der auf Ihrem Wissen und Ihren Erfahrungen basiert bzw. auf Büchern oder Websites zum Thema Selbstständigkeit. Hier einige Stichpunkte als Starthilfe: persönliche Fähigkeiten, Einstellungen, Werte und Begabungen; persönliche Umstände; worauf würden Sie bereitwillig verzichten?
   Hilfreiche Hinweise finden Sie in folgenden Büchern: *Geschäftlich erfolgreich im Coaching* (McMahon et al., 2015), *Vom Coach zum Unternehmer* (Maul, 2012), *Is Self- Employment for You?* (Casey, 2004) und *The Independent Consultant's Survival Guide: Starting up und Succee-*

ding as a Self-employed Consultant (Johnson, 2005) und viele andere. Vielleicht haben Sie ja auch schon ein Lieblingsbuch. Ein Online-Tool speziell für Gründerinnen finden Sie unter: http://socon.hs-niederrhein.de/selbstaendigkeit.php.

3. Persönlichkeitsprofile: Andy Britnell verwendet „Insights“ und „Motivational Maps“.
   Bei der Methode „Insights“ nach C.G. Jung gibt es vier Verhaltenspräferenzen, die von verschiedenen Farben symbolisiert werden: kühles Blau, feuriges Rot, sonniges Gelb und erdiges Grün. Mithilfe der „Motivational Maps“ nach Maslow und Schein kann man die stärksten drei Anreize sowie den schwächsten herausfinden. In Bezug auf seine Motivation hat Andy folgende Präferenzen: Creator (Wunsch nach Freiheit und Kreativität), Expert (lernt gerne) und Searcher (strebt eher nach Sinn als nach Geld). Am wenigsten fühlt er sich vom Defender motiviert (Stabilität, Sicherheit und Gewissheit). Aufgrund dieser Kombination eignet er sich besonders gut für die Führung dynamischer Kleinunternehmen als Teil seines „Portfolio-Lifestyle“.
   Es gibt kein „Idealprofil“ für die Selbstständigkeit – es geht darum, darüber nachzudenken, was das Profil für einen bedeutet und wie es mit dem gewünschten Lebens- und Arbeitsstil der Klienten zusammenpasst.

4. Zu den emergenten Strategien gehören z. B. die oben erwähnte Gestaltmethode oder Clean Networks, das im Abschnitt über die Auswahl eines Unternehmensmodells (siehe Seite 144) erklärt wird.

Manche Coachees stellen fest, dass sie die Sicherheit eines regelmäßigen Einkommens schätzen und die Selbstständigkeit daher nicht für sie infrage kommt. Helfen Sie ihnen, mit ihrer Entscheidung *dagegen* fertigzuwerden.

5.7.3 Die Geschäftsidee

Nun kommen wir zu den wichtigen Themen Marktchancen und Geschäftsmodelle. Über folgende Dinge sollten Ihre Coachees beim Entwerfen eines Geschäftsmodells nachdenken:

- Bei welchen Problemen können sie anderen helfen? Sprich: Warum würde jemand ihr Angebot wahrnehmen wollen?

- Wer ist die ideale Kundschaft für ihre Produkte oder Dienstleistungen? Sie können nicht allen alles verkaufen, vor allem, wenn sie alleine arbeiten. Wie also bekommen sie potenzielle Käufer und Käuferinnen in den Fokus?
- Wie tragen ihre Talente und Fähigkeiten auf einmalige Art und Weise zur Lösung dieser Probleme bei? Sprich: Warum sollte jemand ausgerechnet zu ihnen kommen? Was sie zu bieten haben, ist ja im Grunde nicht einmalig. Warum also sollte man es bei ihnen kaufen?

Meiner Erfahrung nach wissen viele Menschen, die sich selbstständig machen wollen, was sie tun wollen und wie ihr Leben aussehen soll. Nur haben sie es oft nicht so in Worte gefasst, dass potenzielle Kunden und Kundinnen etwas damit anfangen können.

An dieser Stelle können Ihre Coachees Folgendes tun:

- *Visualisierung:* Stellen Sie sich Ihren idealen Kunden / Ihre ideale Kundin vor. Welche speziellen Probleme bereiten diesen Kunden schlaflose Nächte, zu deren Lösung Ihr Angebot beitragen kann? Wer sind diese Menschen?“
- *Sich in die Lage einer anderen Person versetzen:* Dafür „ver-setzen“ sich Ihre Coachees tatsächlich. Sie setzen sich auf einen anderen Platz, stellen sich vor, dass sie jemand anders sind, und sagen etwas in der Rolle dieser Person – nennen wir sie der Einfachheit halber einmal Ron: „Worum mache ich mir – also Ron – Sorgen? Welche Art von Hilfe brauche ich? Was würde mich dazu bringen, aktiv zu werden? Welche Art von Mensch oder Unternehmen würde ich gerne beauftragen? Was würde mich wirklich abschrecken?“
- *Ein objektiver Blick:* Veranlassen Sie Ihren Coachee wieder, den Sitzplatz zu wechseln und beide – sich selbst und Ron – von dieser Warte aus zu betrachten. Was würde diese dritte Person über den Coachee sagen? Hat er eine klare Vorstellung davon, was er zu bieten hat? Wie wertvoll ist das für den potenziellen Kunden? An Ron: Würden Sie bei X kaufen? Warum? Was müsste noch geschehen, damit Sie von X kaufen? (Falls die Coachees die Fragen aus dieser Perspektive nicht beantworten können, sollten sie vielleicht an ihren Ausgangspunkt zurückkehren oder sich auf Rons Platz setzen.) Was würden sie X raten?
- Eventuell müssen die Coachees zwischen den verschiedenen Perspektiven mehrmals wechseln und immer wieder neu über ihr Vorhaben nachdenken, bis sie sich im Laufe des Prozesses klar darüber werden und eine Position finden, mit der sie zufrieden sind.

5.7.4 Das Geschäftsmodell

Ihre Coachees müssen sich für ein Geschäftsmodell oder eine Kombination aus verschiedenen Modellen entscheiden. Die wichtigsten Modelle werden im Zusammenhang mit Übergangscoaching in Kapitel 8 vorgestellt. An dieser Stelle werde ich nur einige Techniken für Coachees erwähnen, aus denen Sie je nach Präferenz auswählen können.

1. Die Coachees fertigen eine Liste der Dinge an, die dafür und dagegen sprechen und wägen diese gegeneinander ab, entweder intuitiv oder per Rating.
2. Verwenden Sie die bereits erwähnte Gestaltmethode (siehe 5.6.2).
3. Verwenden Sie eine andere emergente, experimentelle Technik:
   - Die Coachees schreiben jede Option einzeln auf einen Klebezettel und nehmen sich einen davon vor, beispielsweise „Freelancing".
   - Sie kleben den Zettel an einen Ort, der ihnen passend dafür erscheint. Um herauszufinden, welcher das ist, kann man zum Beispiel fragen: „Ist das die richtige Höhe, der richtige Winkel, die richtige Richtung?", und den Zettel dann entsprechend verschieben, etwa von der Mitte der Tür mehr in Richtung Boden.
   - Als Nächstes sollen sie sich selbst an einen passenden Ort platzieren – das kann im Extremfall darauf hinauslaufen, dass sich jemand ganz weit von dem Zettel entfernt und ihn kaum noch sieht.
   - Fragen Sie: „Und was wissen Sie dort, wo Sie sich jetzt befinden, über Freelancing?" Stellen Sie ggf. weitere Fragen: „Was sehen Sie aus dieser Perspektive außerdem noch?" Da kann alles Mögliche auftauchen! Vielleicht dass ihnen die Option auf einmal völlig abwegig erscheint und sie gar keinen Bezug mehr zu ihr haben oder vielleicht auch, dass sie, obwohl die Option auf dem Zettel so klein und so weit weg ist, neugierig darauf sind und mehr herausfinden wollen.
   - Bitten Sie sie anschließend, an einen anderen Ort zu gehen, der sich richtig anfühlt. Stellen Sie die gleichen Fragen. Das Thema aus einer anderen Position zu erkunden, verhilft zu einer anderen Sichtweise.
   - Insgesamt werden sechs verschiedene Positionen ausprobiert, mit den gleichen Fragen, bevor es an den Ausgangspunkt zurückgeht. Fragen Sie die Coachees, welche Erkenntnisse sie aus der Übung gewonnen haben.
   - Beenden Sie die Übung mit der Frage: „Und welchen Unterschied bewirken diese Erkenntnisse nun?"
   - Machen Sie dasselbe mit den anderen Optionen.

Diese Vorgehensweise basiert auf „Clean Networks“, einer Technik im Sinne des „Emergenten Wissens““ (engl.: „Emergent Knowledge“; EK) von David Grove (Grove & Wilson, 2005) und der „Power of Six“ (Harland, 2012). Laut Angela Watson von *PGD Coaching Solutions* bringt das Erkunden des Themas über die Körperbewegung die Betroffenen tatsächlich in Bewegung. Der Mikrokosmos (der Übung) reflektiert den Makrokosmus (des Ziels)! Dies entspricht auch zwei Prinzipien des „Emergenten Wissens“: dass die Psyche der Klienten Teil des Systems ist und dass die Veränderung eines Teils sich auf die anderen Teile auswirkt. David Grove zufolge ist dieses „psychescape“, wie er es nannte, sowohl mental als auch physisch. Darin spiegelt sich auch das Phänomen der „kleinen Welt“, dass jeder Mensch nur höchstens sechs Kontakte von jedem anderen Menschen entfernt ist.

Die Technik eignet sich auch für andere Zwecke, z. B. um ein Ziel zu überprüfen und weiterzuentwickeln, um ein Hindernis oder eine Blockade zu verändern oder um sich auf ein Vorstellungsgespräch vorzubereiten.

Die Verwendung dieser und anderer Emergent-Knowlege-Techniken braucht Übung, da sie vom Sprachduktus und Ton her recht speziell sind. Wenn Sie jedoch wie oben beschrieben verfahren, werden Sie auch so ganz gute Ergebnisse erzielen. Emergent Knowledge hat wie Clean Language mein Coaching bereichert, doch ist mir bewusst, dass das, wie bei jeder Methode oder Technik, nicht auf alle Menschen zutrifft.

5.7.5 Praktische Fragen

Nun geht es um handfeste Dinge wie Businessplan, Unternehmensform (z. B. GmbH, Einzelunternehmen, Teilhaberschaft), finanzielle und andere Ressourcen. Es gibt viele Möglichkeiten, wo man sich zu verschiedenen Aspekten der Existenzgründung informieren und Kurse besuchen kann:

- Öffentliche Stellen und deren Websites, z. B. Arbeitsämter
- Handels- oder Gewerbekammern, in Deutschland, z. B. die Industrie- und Handelskammern (IHK)
- Privatunternehmen und deren Websites, z. B. Buchhaltungsfirmen, Existenzgründungsberater oder Banken.

Sie können Ihre Coachees auf bestimmte Informationsquellen und ihr eigenes Netzwerk verweisen, wo sie sich Rat in Bezug auf die Buchhaltung und rechtliche Fragen holen können. Sorgen Sie dafür, dass sie Nachforschungen betreiben, um herauszufinden, was für sie und ihr Unternehmen am besten ist.

5.7.6 Das erfolgreiche Unternehmen: Positionierung, Marketing und Verkauf

Egal, ob man eine neue Stelle antritt oder sich selbstständig macht: Immer stößt man auf ähnliche Themen und Aufgaben. Man muss sich positionieren und zu einer (anderen) Identität finden, an einengenden Überzeugungen arbeiten, netzwerken, mit anderen sprechen und – lernen! Sie können also alle Ansätze nutzen, die im Abschnitt über Angestellte vorgestellt wurden.

5.8 Ruhestand

Auch hier ist es wichtig, dass Sie Ihre Klienten praktisch und psychisch unterstützen. Natürlich müssen sie die finanzielle Seite dieser Umbruchphase überdenken, aber auch die psychische. Der Verlust der sozialen Kontakte sei meist am schwierigsten und besonders bei höheren Positionen auch der Verlust von Status und Identität, meint Gerry O'Neill. Dazu wird der Eintritt in den Ruhestand immer komplexer, etwa durch neue Rentengesetze, niedrigere Rentenansprüche und Änderungen beim Eintrittsalter.

Auch wenn Ihre Coachees nicht demnächst in Rente gehen wollen – irgendwann werden Sie es tun, in fünf, zehn oder fünfzehn Jahren. Deshalb können sie Hilfe bei der Vorausplanung gebrauchen. Ich habe dafür eine sehr nützliche Zeitschiene, in die meine Coachees ihre Ziele eintragen. So plante ein Coachee, 15 Jahre später in Rente zu gehen. Ich forderte ihn auf, darüber nachzudenken, wo er beruflich und privat in fünf bzw. zehn Jahren stehen wollte. Dadurch erkannte er unter anderem, dass er einen Nachfolger für seinen Posten als Vorstandsvorsitzender finden und einarbeiten musste.

Zusammenfassung

- Dies ist keine inhaltsfreie Zone – Sie müssen die „Spielregeln“ kennen: gut fundiertes Wissen über die abhängige Beschäftigung und die Selbstständigkeit, z. B. in Bezug auf die Erstellung eines Lebenslaufs, Techniken für Vorstellungsgespräche, soziales Netzwerken, Informationsquellen (beispielsweise in Bezug auf Firmenstrukturen).
- Stellen Sie Ihr Wissen zur Verfügung, informieren Sie Ihre Coachees und zeigen Sie Richtungen und Optionen auf, doch hüten Sie sich davor, ihnen Anweisungen zu erteilen, und übernehmen Sie keine Verantwortung für Entscheidungen.
- Schlüssel zum Erfolg ist hier die Einschätzung der eigenen Person und der Chancen, die Eigenpositionierung sowie Marketing, Verkauf, Verhandlung und Entscheidung.
- Geeignet sind sowohl logisch-strukturierte als auch mehr auf Erkundung ausgerichtete, emergente Ansätze, je nachdem was Sie und Ihre Klienten vom Stil her vorziehen.
- Sie können nicht nur praktisch helfen, sondern auch auf der psychischen Ebene.
- Dass man sich in einer gutem Verfassung befindet, ist die Erfolgsbedingung bei allen Unternehmungen dieser Phase. Manche stellen eine große Herausforderung dar, etwa sich in Lebenslauf oder Vorstellungsgespräch selbst zu verkaufen.
- Man muss sich darauf einstellen, sich selbst und seine Leistungen zu verkaufen und sich in die Lage anderer zu versetzen.
- Es kann eine lange Reise werden und viele Jahre brauchen, bis Coachees an ihr ultimatives Ziel gelangen, besonders wenn es um die Existenzgründung geht. Dafür gibt es viele unterschiedliche Gründe, die von dem Bedürfnis nach finanzieller Sicherheit über Ausprobieren verschiedener Identitäten bis zur Überwindung einengender Überzeugungen reichen.

6. Schwierige Übergänge

Eine Karriere verläuft selten vollkommen glatt und ohne Brüche. Dieses Kapitel befasst sich mit den schwierigeren Aspekten einer beruflichen Übergangsphase, den Situationen, in denen Sie sich wiederfinden können, und den Ansätzen erfolgreicher Übergangscoachs. Ich sollte außerdem anmerken, dass dies keine „ausgewogene Darstellung" aller Vor- und Nachteile ist, sondern eine Betrachtung der Schattenseiten, Herausforderungen und möglichen Umgangsweisen.

Das Kapitel gliedert sich wie folgt:

1. Die Übergangsphase: Entlassung oder Versetzung
2. Persönliche Merkmale der Coachees, durch die eine Übergangsphase zur Herausforderung werden kann
   - Führungskräfte
   - Junge, unerfahrene Menschen von Hochschulabsolventen bis zu den sogenannten „NEETS" („Not in Education, Employment or Training", d. h. Menschen, die weder eine Ausbildung oder Lehre machen noch studieren und auch keine Arbeit haben)
   - ältere Menschen
   - „Benachteiligtenstatus" z. B. aufgrund der Ethnie, der Religion, des Geschlechts oder einer Behinderung
3. Psychische oder verhaltensmäßige Herausforderungen – langfristig bestehende oder als Folge des beruflichen Umbruchs entstandene
   - Umgang mit Niederlagen
   - Resistente Menschen, die sich nicht engagieren, oder Menschen, die das Gefühl haben, dass sie nicht weiterkommen
   - Untätige Menschen
   - Niedriges Selbstbewusstsein / Selbstwertgefühl
   - Menschen mit zu hohen Erwartungen an das Coaching
   - Identitätsprobleme

6.1 Die Übergangsphase

6.1.1 Entlassung oder Versetzung

Gerry O'Neill von dem angesehenen britischen Personalmanagementunternehmen *Penna* fasst seine Arbeit folgendermaßen zusammen: Man verhilft anderen Menschen zu einer möglichst kurzen und flachen Veränderungskurve, damit sie schnell in die Gänge kommen, sich ihren nächsten beruflichen Meilenstein sichern und etwas aus ihrem Leben machen.

Das erste Treffen mit einer Coachee kann sehr unterschiedlich ausfallen: Im schlimmsten Fall bricht sie in Tränen aus oder lässt ihren Ärger an der Coachin aus – gute Berufscoachs brauchen daher einen hohen EQ (emotionaler Intelligenzquotient; Goleman, 1998). Auch die Bedürfnisse und Erwartungen können stark variieren. Manche wollen Traumschlösser bauen und andere hören, was sie tun sollen. Manche wollen sogar, dass Sie deren Arbeit tun! Deswegen sei es so wichtig, dass man den Coachingvertrag gleich zu Anfang abschließt, meint Gerry. „So sieht unsere Zusammenarbeit aus, wir sind quasi Partner. Dies ist mein Angebot – und welchen Beitrag leisten Sie auf dem Weg an Ihr Ziel?" Das Wichtigste ist, die Klienten dazu zu bringen, dass sie sich selbst verstehen, selbstbewusster werden und wissen: Wer bin ich? Was habe ich zu bieten? Was ist mir wichtig? Jede Beziehung hat ihre Stolpersteine und manchmal braucht es ein bisschen liebevolle Strenge, damit Klienten mit Ihrer Hilfe mehr über sich und ihre Wunschziele herausfinden und so ihre Wahrnehmungen austesten. Auf diese Weise sorgen Sie dafür, dass sie daran arbeiten.

Gelegenheit dazu bekommen sie in Coachingsitzungen und Workshops, z. B. solchen zu Spezialthemen wie Existenzgründung. Hier bekommt man wertvolle Informationen und erfährt, wie es tatsächlich ist, selbstständig zu arbeiten. Manchmal beschließen Teilnehmende danach, dass das nichts für sie ist. Auch das ist ein positives Ergebnis! Besser, man kommt vorher zur Einsicht als hinterher. Manchmal brauchen Coachees auch einen Schubs, damit sie in der Veränderungskurve wieder ein Stück zurückrutschen. Wer nämlich zu schnell auf einen neuen Zug aufspringt und nicht recherchiert und ausprobiert, weil der letzte Tag im derzeitigen Job näher rückt, könnte sechs Monate später unglücklich sein. Wenn Sie das Gefühl haben, dass dies zutrifft, haken Sie nach: „Lassen Sie uns dies noch einmal genauer anschauen."

Deni Lyall von *Winning Performance* macht bei Menschen, die etwas Neues tun möchten, immer einen „Reality Check". Vier Dinge müssen dabei stimmen:

1. Welche Fähigkeiten hat die Person?
2. Was möchte sie in zehn Jahren erreicht haben? Wonach strebt sie?
3. Welche familiären und finanziellen Verpflichtungen (z.B. Hypothek, Kindererziehung) hat sie derzeit?
4. Wie ist die aktuelle Marktlage?

Oft schickt sie ihre Klienten auf Optionsrecherche. Will jemand zum Beispiel freischaffend tätig sein, soll er mit fünf Freelancern sprechen und mit fünf Firmen, die mit Freelancern arbeiten, und herausfinden, wie das wirklich ist und wonach Organisationen gerade suchen. Außerdem erzählt sie von ihren eigenen Erfahrungen und Kontakten.

Ihr zufolge bevorzugen 50 Prozent ihrer Klienten derzeit eine feste Anstellung, während es früher 95 Prozent waren.

Einige wenige wollen sich vor ihrer Entscheidung eine Auszeit nehmen, sind aber auch in der Lage dazu, d.h., sie sind über fünfzig, verfügen über Rücklagen oder eine gut verdienende Partnerin. Die meisten haben dagegen finanzielle Verpflichtungen und können sich diesen Luxus nicht leisten. Manchmal hat Deni das Gefühl, dass die Einstellungen der Familie und der Freunde und Freundinnen nicht sehr hilfreich sind. „Dir stehen doch jetzt alle Chancen offen, zu tun, was du willst" ist nicht immer zweckmäßig und tatsächlich betrachten nur etwa 25 Prozent ihre Situation als Chance für eine wesentliche Veränderung. Manchen Menschen ist es peinlich, dass sie wieder dieselbe Art von Tätigkeit ausüben wollen: Versichern Sie ihnen, dass auch diese Option in Ordnung ist.

Ist es nach eingehender Prüfung zu einer Entscheidung gekommen, besteht die nächste Herausforderung darin, dass die Coachees mit ihren beruflichen Erfahrungen und Erfolgen zufrieden sind und sich wohl damit fühlen. Dafür fragt Deni nach dem tatsächlichen Wert der bisherigen Leistungen, den geschäftlichen Vorteilen aus Arbeitgebersicht.

Coaching hat oft mit Reframing und stimmigem Positionieren zu tun. Coach und Coachee wissen sofort, wenn man der richtigen Spur folgt: Es läuft dann einfach. Bei der Menge an Arbeitsuchenden wünschen sich Arbeitgeber Leute, für die die zu vergebende Stelle wie angegossen passt und die auch noch möglichst flexibel sind. Wer solide Erfahrungen und Leistungen aufzuweisen hat, wird sich also relativ gut verkaufen können. Wer jedoch oft gewechselt oder immer dieselbe Tätigkeit ausgeübt hat, ohne sich wirklich einbringen zu können, braucht etwas mehr Hilfe.

Mit ihrem erfahrenen Auge sieht Deni ihre Klienten im richtigen Licht. Das Schwierige ist, dies im Lebenslauf zu vermitteln und nicht nur eine Stellenbeschreibung zu kopieren. Sie verfährt nach dem Prinzip der liebevollen Strenge und lässt ihre Klienten tief graben, damit sie artikulieren können, wie sie mit dem, was sie vorweisen können, die gewünschte Stelle bekommen. Ihre Klienten wüssten ihre feste Hand zu schätzen, sagt sie. Sie wisse nun einmal, dass man „mit einem miserablen Lebenslauf nirgendwo landet".

Dieser scheinbare Widerspruch sei oft ihre Hauptaufgabe: Sie helfe ihnen dabei, sich wieder als einen wertvolle Menschen zu empfinden. Sie würden zum Nachdenken über die persönliche Leistung und deren Wert für die Firma gedrängt, was bewirke, dass sie mit sich selbst zufrieden seien. Ein gelungener Lebenslauf sei außerdem gut für Gespräche, etwa wenn Klienten beim Netzwerken potenziellen Arbeitgebern über sich und ihre Pläne erzählten, von ihren bisherigen Tätigkeiten und über den Mehrwert, den sie zu bieten hätten. Diese Übung, durch die eine Idee wirklich Gestalt annimmt, ist für Deni eine absolute Grundfeste.

Ihrer Ansicht nach brauchen die meisten, die ihre Arbeit verloren haben, sechs Monate, bis sie wieder eine Stelle finden, manche ihrer Klienten sogar wesentlich länger. Die gute Nachricht lautet, dass energische und proaktive Menschen, die ihre Meinung äußern, fündig werden. Zu stillen, zurückhaltenden Menschen, die ihre Meinung nicht äußern, ist der aktuelle Arbeitsmarkt nicht besonders freundlich. Für diese wären Coachingsitzungen oder Rollenspiele sehr wertvoll. Von Mitarbeiter/inne/n im öffentlichen Dienst und Beamten einmal abgesehen, sind Menschen heutzutage schon an berufliche Wechsel gewöhnt.

Für die meisten bestehe die größte Herausforderung im Netzwerken, findet Deni. Da sie sich häufig nichts darunter vorstellen können, wissen sie es nicht zu nutzen. Sie tun es nicht gerne, weil sie glauben, dass es nur darum ginge, andere um Arbeit anzubetteln. Mit ihnen muss Deni immer wieder Netzwerksituationen durchsprechen, bis es Klick macht und sie verstehen, worum es wirklich geht. So bestand sie bei einem Klienten darauf, dass er sich drei höhergestellte Personen suchte und diese fragte, wie sie über ihn dächten, wie sie ihn sahen, was sie von ihm hielten und wie sie fanden, was er tat. Über diese Fragen nachzudenken, half letztendlich. Coachees müssen verstehen, dass Netzwerken *eine fokussierte Unterhaltung* ist und dass, Denis Erfahrung nach, 80 Prozent aller Stellen und 75 Prozent aller Aufträge über Netzwerken vermittelt werden. Es geht nicht um Marketing, Verkauf und teure Websites, sondern darum, sich Rat zu holen und sich zu informieren.

6.2 Persönliche Merkmale

6.2.1 *Führungskräfte*

Überrascht es Sie, dass Führungskräfte hier erwähnt werden? Worüber müssen die sich denn Sorgen machen? Paese und Wellins (2007) haben herausgefunden, dass Führungskräfte sich von beruflichen Umbrüchen am stärksten herausgefordert fühlen – und zwar 19 Prozent, verglichen mit knapp 15 Prozent, die Trauer über den Verlust eines nahestehenden Menschen angeben. Stefan Cantore, Senior Fellow for Leadership and Organizational Development am *Office for Public Management*, sagte 2001 in seinem Vortrag an der *University of East London*, Führungskräfte seien von vier Arten der beruflichen Veränderungen betroffen (nach Dotlich, Noel & Walker 2004): Veränderungen oder Verlust der Tätigkeit und persönliche Veränderungen oder Verluste.

Schwierigkeiten aufseiten der Betroffenen

- Führungskräfte sind daran gewöhnt, dass sie erfolgreich sind und andere für sie den Alltagskram erledigen. Sie fühlen sich erniedrigt und sind in praktischen Dingen häufig unbeholfen, vor allem mangelt es ihnen an IT-Kenntnissen.
- Positive Persönlichkeitsmerkmale wie „Schattenseiten“ arbeiten gegen sie – was ihnen zum Erfolg verholfen hat, führt auch zu ihrem Untergang. Adrian Furnham (2011) zufolge gibt es gleich viel erfolgreiche wie erfolglose Führungspersonen. Viele sehr erfolgreiche hätten eine Schattenseite, die oft mit „Narzissmus und moralischer Idiotie“ assoziiert sei. Er nannte Kompetenzen sowie deren Schattenseiten, wie etwa „Handlungsorientierung“, die eine rücksichtslose, diktatorische Note haben kann, sowie sechs Persönlichkeitsstörungen von Führungskräften: an-

tisozial / psychopathisch, narzisstisch, paranoid, schizoid, histrionisch und zwanghaft-obsessiv. Zum Thema Persönlichkeitsstörungen bei Führungspersonen gibt es mehrere Forschungsarbeiten, wie z. B. die von Goldman (2006) sowie von Khoo und Burch (2008).

- Furnham fand außerdem Muster für das Scheitern großer Potenziale, wozu die nach außen gezeigten Stärken gehören sowie organisationale Komplizenschaft und – daraus resultierend – aus dem Ruder laufende Schwächen. Solange die Ergebnisse stimmen, wird beispielsweise ein handlungs- und leistungsorientierter leitender Manager seine Schwächen ignorieren können. Doch bei zunehmender Komplexität kann ihm leicht das Ganze über den Kopf wachsen und es kommt zu einem Leistungsabfall, der sein mangelhaftes strategisches Denken gnadenlos offenbart.
- Leitende Angestellte haben manchmal weder ein klares Selbst- noch ein klares Fremdbild. Vielleicht haben sie jahrelang Feedback eingesammelt, in Mitarbeitergesprächen, 360-Grad-Feedback-Übungen und Angestelltenumfragen. Ihre erfolgreiche Position haben sie aber wohl nur deswegen gehalten, weil sie so sind, wie sie sind – eine stärkere Rückmeldung zu dem, was funktioniert, kann es für sie gar nicht geben.
- Wahrscheinlich haben sie nicht nur einen höheren Rang, sondern sind dazu noch älter, was sie auch vor Herausforderungen stellt.
- Viele haben ihren Erfolg auf „traditionelle" Herangehensweisen" in Bezug auf Management und Führung gebaut, d. h. ihr persönlicher Stil macht in erster Linie Sicherheit und Disziplin aus, was bei Arbeitslosigkeit oder in einer neuen Stelle jedoch nicht sehr zweckdienlich ist.

Schwierigkeiten aufseiten des Markts

- Globale Märkte und Unternehmen verändern sich ständig und verlangen neue Führungs- und Marketingstile (siehe Kapitel 1). Die Betroffenen müssen sich nicht nur selbst mit verändern, sondern auch bei anderen Veränderungen anstoßen und ihnen vorausgehen.
- Immer häufiger besteht die Hauptaufgabe von Führungskräften im Change-Management, und hier liegt der Fokus nicht mehr auf dem Prozess, sondern auf den Menschen.
- Arbeitgeber stellen ungern ältere Führungskräfte ein. Mays und Sloane (2011) zufolge haben sie Angst vor einem unflexiblen Führungsstil, Schwierigkeiten mit jüngeren Vorgesetzten, einem starken Kompensationsbedürfnis und einem Mangel an IT-Kenntnissen.

Coachen Sie Führungskräfte so, dass sie ...

- die Trends auf dem globalen Markt bzw. ihrem Sektor verstehen und sich klarmachen, was das kurz-, mittel- und langfristig für sie bedeutet;
- aus ihrer Erfahrung und bereits verhandelten Neuanfängen etwas lernen: dies macht klug und selbstbewusst;
- durch die Fähigkeit zur Selbstbetrachtung die langfristig sehr nützliche Fähigkeit erwerben, „zu lernen, wie man lernt“ (Cantore, 2011);
- mithilfe dieser Fähigkeiten ihre überbeanspruchten Stärken, Schattenseiten und andere potenziellen Hemmnisse verstehen und ihre Denk- und Verhaltensweisen so anpassen können, dass sie den Anforderungen, die das 21. Jahrhundert an Führungskräfte stellt, genügen;
- sich praktische Kenntnisse selbst aneignen und/oder in Erfahrung bringen, an wen Sie sich wenden können, beispielsweise über einen virtuellen Assistenten;
- verstehen, was sie vom Netzwerken haben, dass sie dadurch Unterstützung bekommen, ermutigt werden und vielleicht sogar eine neue Stelle finden;
- fähig und selbstbewusst werden, um aktiv zu netzwerken (bieten Sie ggf. Unterstützung aus Ihrem eigenen Netzwerk an);
- sich noch viel mehr Optionen überlegen, indem sie aus einer gewissen Distanz heraus darüber nachdenken, was sie in dieser Phase ihrer beruflichen Laufbahn wollen, und Alternativen in Betracht ziehen – vielleicht als Übergangslösung, um wieder auf den Arbeitsmarkt zurückzukehren und Kontakte zu knüpfen, etwa als Berater, über Zeitarbeit oder in einer kleineren Firma, für die eine interne Stellenbesetzung eher nicht infrage kommt (Mays & Sloane, 2011);
- an ihrer Geschichte arbeiten (Ibarra, 2003; Ibarra & Lineback, 2005): Wie die Untersuchung zu den Erfahrungen arbeitsloser Führungskräfte von Gabriel, Gray und Goregaokar (2010) zeigte, schneiden diejenigen, deren Geschichte ein offenes Ende hat und die ihre Situation als vorübergehende Abweichung verstehen bzw. Beruf und Privatleben trennen, besser ab als diejenigen, für die der Verlust ihrer Stelle die „Endstation“ ist;
- eine Ablehnung aufgrund ihres Alters schon vorher in Betracht ziehen, sich Gegenargumente überlegen und ihr Alter sogar als Vorteil herausstellen, z. B. dass sie gut Probleme lösen können und Urteilsvermögen besitzen (Mays & Sloane, 2011).

Schließen Sie einen klaren Vertrag ab und halten Sie sich daran, es sei denn, Sie einigen sich auf eine Nachverhandlung. Sorgen Sie dafür, dass Ihre Klienten wissen, was Sie ihnen bieten, was von ihnen erwartet wird und was sie sich vom Coaching versprechen können. Machen Sie sich bewusst, welche Rolle und welchen Status sie zuvor innehatten und welche Erwartungen sie deshalb haben mögen.

6.2.2 *Junge, unerfahrene Menschen: Von Hochschulabsolventen bis zu NEETs (Not in Education, Employment or Training)*

Schwierigkeiten aufseiten der Betroffenen

- Die Klienten bringen die von Arbeitgeberseite erwünschte Erfahrung und Kompetenz nicht mit, NEETs fehlt es außerdem an Qualifikationen. Wie Zahlen für Großbritannien belegen, war im dritten Quartal 2011 beinahe jede fünfte Person im Alter von 16 bis 24 Jahren ein NEET (Department for Education, 2011).
- Einstellungen und Erwartungen: Die Angehörigen der Generation Y, der Millennials und der Generation Z haben hohe Ansprüche, halten sich für etwas ganz Besonderes, gehen wie selbstverständlich davon aus, dass sie die Besten sind und niemals scheitern werden, wollen nicht von unten anfangen, nicht außerhalb der normalen Zeiten arbeiten und keine Überstunden machen – in der Tat betrachten sie ihre Arbeit als gesellige Verlängerung ihrer Freizeit und erwarten eine „Promi"-Karriere. Sie verlangen Flexibilität, schnelle Resultate in Bezug auf Kompetenzen und Gehaltserhöhungen und möchten alle zwei, drei Jahre einen anderen Job. Die Generation Y könne Ungewissheit und Unklarheit nicht tolerieren und erwarte prompte Antworten, so Rosemary Haefner, Vizepräsidentin für Human Resources bei *CareerBuilder* (Levinson, 2008).
- Sie waren noch nie mit den Herausforderungen einer schwachen Wirtschaft konfrontiert. Das Klima, in dem sie aufgewachsen sind und das zu ihren Einstellungen und Erwartungen geführt hat, wird es ihnen ziemlich schwer machen – zumal in Anbetracht ihrer begrenzten Erfahrung, ihrer mangelnden Fähigkeiten und ihrer Abneigung gegen Unsicherheit (Levinson, 2008).

- Unter jungen Menschen herrscht ein gewisser Pessimismus in Bezug auf ihre Zukunftsaussichten. In ihrem Buch *Jilted Generation* (2010) beschreiben Ed Howker und Shiv Malik „eine leise Depression, die sich Tag für Tag abspielt". Die Mittelschicht, der es eigentlich gut gehen sollte, wisse nichts mit sich anzufangen. So bezeichnete die stellvertretende Direktorin des britischen Arbeitsgeberverbandes *Confederation of British Industry,* Katja Hall, in einem Beitrag der BBC (Harrison, 2011) die Rettung dieser verlorenen Generation als ein Riesenproblem.
- Selbst in den besten Zeiten bekommen nur wenige junge Menschen im Rahmen ihrer Schul- und Ausbildungszeit die Chance, die Fähigkeiten zu erlernen, die sie für erfolgreiche Vorstellungsgespräche und ihre Selbstdarstellung brauchen.

Schwierigkeiten aufseiten des Markts

- „Nur die Wirtschaft zählt" (Wahlkampfmotto von Bill Clinton).
- Während eines Konjunkturabschwungs mit der Ausbildung fertig zu werden oder den Bachelor-Abschluss zu machen, hat langfristige Folgen – die ersten 20 Berufsjahre werden dann nämlich besonders schwer sein. Viele Absolventen haben schlechter bezahlte Jobs, für die sie oft überqualifiziert sind, und brauchen länger für einen höheren Studienabschluss (Kahn, 2009).
- Eine hohe und steigende Arbeitslosenquote vor allem bei jungen Menschen wirkt sich natürlich stark aus und lässt die Hoffnung sinken, dass man Arbeit finden wird.
- Veränderungen auf dem Arbeitsmarkt (Sissons, 2011).
- Arbeitgeber wollen Gratisleistungen – die Anzahl der Praktika und unbezahlten Probezeiten, die nicht unbedingt zu einer unbefristeten, bezahlten Anstellung führen, steigt.
- In Großbritannien führte der schrumpfende Bildungs- und Beschäftigungshaushalt zu Kürzungen bei der Berufsberatung, der Arbeitsvermittlung und beim Förderunterricht für Schüler mit Schwächen im Lesen, Schreiben und Rechnen sowie zu einer Dreiviertelkürzung der Zuschüsse, mit denen Schulabgänger beim Übergang auf die Universität unterstützt werden (Shepherd, 2011).

Coachen Sie junge, unerfahrene Menschen so, dass sie ...

- ihre „Beschäftigungsfähigkeit“ (Employability) entwickeln und sie sich zunutze machen (CBI, 2007);
- die Erwartungen der Arbeitgeber und den Arbeitsmarkt kennen und wissen, wie sie sich selbst verkaufen: Sich nicht ausreichend über die Firma, bei der man sich bewirbt, zu informieren, ist einfach unendschuldbar, zumal in Anbetracht all der Möglichkeiten, die das Internet und Social Media bieten;
- die Grundprinzipien durchblicken und keine dummen Fehler begehen, wie etwa einen schlecht aufgebauten Lebenslauf mit Rechtschreibfehlern zu verschicken oder beim Vorstellungsgespräch Freizeitkleidung zu tragen;
- optimistisch und selbstbewusst sind und sich nicht unter ihrem Wert verkaufen: Lisa Kahn (2009) zufolge braucht man für eine den eigenen Potenzialen angemessene Karriere in einer schlechten Konjunktur die richtige Einstellung;
- anpreisen, was sie zu bieten haben;
- die kleinen Dinge kennen, die Großes bewirken (z. B. die Rechtschreibung im Lebenslauf zu überprüfen);
- Möglichkeiten finden, sich die Dinge anzueignen, die ihnen noch fehlen;
- sich eine realistische Vorstellung von der Zukunft machen, wenigstens kurzfristig, gegebenenfalls auch einen Umweg in Kauf nehmen, um ihr Ziel zu erreichen, wenn sie dadurch die mit der idealen Stelle verbundenen Voraussetzungen wie Selbstvertrauen, Erfahrung und Kompetenz gewinnen;

Niemand kann aus seiner Haut heraus und was nicht da ist, lässt sich auch nicht herbeizaubern, sagt Deni Lyall. Und trotzdem können Sie bei der Entwicklung taktischer Lösungen und langfristiger Strategien helfen. Nutzen Sie alle die in diesem Buch vorgestellten Ansätze und Methoden und machen Sie sich mit den aktuellen Angeboten für junge Menschen vertraut, die im Internet, in sozialen Netzwerken, Tageszeitungen und Zeitschriften verbreitet werden.

6.2.3 Ältere Menschen: Anstellung, (Teil-)Selbstständigkeit, Ruhestand oder ein bisschen von allem?

Wie alt sind „ältere Menschen" eigentlich? Der Trend geht dahin, dass auch Menschen über 60, die früher bereits im Ruhestand gewesen wären, heutzutage noch arbeiten wollen, entweder weil sie sich aufgrund ihrer schmalen Rente dazu gezwungen sehen (Munnell, Webb, und Golub-Sass, 2007) oder weil sie ihre Energie freiwillig in bezahlte Arbeit investieren möchten. In der Regel ist es für Menschen über 40 jedoch schwieriger, eine Stelle zu finden.

Offensichtlich haben diejenigen, die ihre Arbeit verlieren, eine andere Einstellung als die, die sich freiwillig für eine berufliche Veränderung entscheiden, besonders wenn sie nur über eine geringe Bildung verfügen. Statistiken aus den USA für das Jahr 2009 zeigen: 10,8 Prozent aller 65-Jährigen und älter ohne Schulabschluss waren arbeitslos, verglichen mit nur 5,8 Prozent derer, die mindestens vier Jahre studiert hatten (Johnson & Mommaerts, 2009). Allerdings ist die Arbeitslosenquote bei älteren Arbeitnehmern generell niedriger als bei jungen, aufgrund der Zunahme an älteren Arbeitskräften teilweise jedoch im Steigen begriffen.

Ältere Männer, die ihre Stelle verloren haben, sind tendenziell länger arbeitslos als jüngere, während es bei Frauen diesbezüglich keinen signifikanten Unterschied gibt. Laut der US-amerikanischen Statistikbehörde (zitiert in Johnson, 2009) waren 44 Prozent der arbeitslosen Männer im Alter von 55 bis 64 mindestens 27 Wochen lang ohne Arbeit. Im Vergleich dazu waren nur 36 Prozent der arbeitslosen 35- bis 44-jährigen Männer 27 Wochen oder mehr auf Arbeitsuche. Die Gründe dafür sind nicht völlig klar, doch Johnson (2009) vermutet eine Kombination aus mehreren Faktoren: Sie würden weniger intensiv nach Arbeit suchen, nicht so effektiv dabei vorgehen und seien zudem wählerischer. Umgekehrt hätten Arbeitgeber Vorbehalte gegen sie oder würden sie sogar diskriminieren. Hätten Sie dann schließlich eine Stelle gefunden, so Johnson, verdienten sie meist weniger als vorher – einen besseren Grund für Übergangscoaching kann es gar nicht geben!

Schwierigkeiten aufseiten der Betroffenen

- Kaum Erfahrung mit der Arbeitssuche: Wer, egal in welcher Branche, erfolgreich war und das auch noch in einer leitenden Position, ist daran gewöhnt, dass die Stelle eher zu ihm oder ihr findet als umgekehrt. Und wer eine „lebenslange" Stelle hatte, musste noch nie wechseln.
- Sie können keine Stärken und übertragbaren Fähigkeiten nennen, weil sie diese nicht bewusst wahrnehmen.
- Sie durchschauen nicht, wie der Markt funktioniert und verstehen nicht, wozu Netzwerken gut sein soll und wie wichtig dies ist.
- Sie haben eine pessimistische Einstellung hinsichtlich ihrer Möglichkeiten, in ihrem Alter eine neue Stelle zu finden.
- Sie sind nicht flexibel genug, um Unbekanntes wie etwa neue Technologien oder soziale Medien auszuprobieren.
- Wer entlassen wurde, hat – besonders, wenn es zum ersten Mal passiert ist – das demütigende Gefühl, versagt zu haben.
- Wer lange für denselben Arbeitgeber gearbeitet hat und nun eine neue Richtung einschlagen möchte, hat Angst vor Verlusten, z. B. bei der Altersvorsorge.
- Wer eine Weile nicht auf dem Arbeitsmarkt aktiv war, wird feststellen, dass dieser sich enorm verändert hat: Bei der letzten Suche waren die Stellen wahrscheinlich noch in der Zeitung annonciert, während heutzutage soziale Medien und Netzwerke im Vordergrund stehen.

Schwierigkeiten aufseiten des Markts

- Obwohl Altersdiskriminierung natürlich verboten ist, spielt sie auf subtile Weise oft mit hinein und führt zu Ablehnung.
- Entlassenen Angestellten des öffentlichen Dienstes wird nachgesagt, dass sie zunehmend den Arbeitsmarkt überfluten würden, inflexibel seien und nichts von der Wirtschaft verstünden.

Coachen Sie ältere Menschen so, dass sie …

- einen Schritt zurücktreten und darüber nachdenken, was sie in dieser Phase ihrer beruflichen Laufbahn wirklich wollen, anstatt einfach nur wieder nach einem ähnlichen Job zu suchen. Und falls sie aber genau das wollen, dass sie dazu stehen können;

- auf Ihre Alternativvorschläge hin über neue, bisher ungeahnte Möglichkeiten nachdenken, vielleicht mehrere Jobs auszuüben, lang- oder kurzfristig beratend oder auf Zeit tätig zu sein oder sich – falls Geld kein dringendes Thema ist – ehrenamtlich zu engagieren;
- an ihrer Geschichte feilen, damit ihr Selbstbewusstsein gestärkt wird, sie beim Netzwerken spannende Dinge von sich erzählen können und andere an ihren Erfolgen teilhaben lassen (Ibarra, 2003, Ibarra & Lineback, 2005);
- sich im Vorhinein mögliche Einwände gegen ihre Anstellung überlegen und Gegenargumente finden – ja sogar ihr Alter als Vorteil darstellen (Mays & Sloane, 2011);
- falls sie die Selbstständigkeit in Erwägung ziehen, aber Zweifel haben, ob das funktionieren wird, Selbstvertrauen gewinnen und mit Ihrer Hilfe Risiken abbauen (als Anregung erzählt Angela Watson von *PDG Coaching Solutions* ihre eigene Geschichte: Das Schlimmste, was Menschen mit den Erfahrungen und Fähigkeiten dieser Altersgruppe widerfahren kann, sei, wieder in ihre vorige Tätigkeit zurückzukehren);
- ihre Erfahrung und Kompetenz wertschätzen, dies auf ihren Lebenslauf oder in ihr Businessprofil übertragen und sich gut verkaufen;
- die Erwartungen der Arbeitgeber, den Arbeitsmarkt begreifen lernen und wissen, wie sie sich selbst verkaufen oder sich erfolgreich selbstständig machen können;
- Optimismus und Selbstvertrauen entwickeln.

6.2.4 Benachteiligte Gruppen

Da viele der oben aufgeführten Punkte, Schwierigkeiten und Coachingmethoden auch auf Angehörige ethnischer, religiöser und anderer Minderheiten, Frauen oder behinderte Menschen zutreffen, werde ich hier nicht noch einmal darauf eingehen. Manche sind jedoch mehrfach benachteiligt und brauchen Ihre spezielle Unterstützung, um damit zurechtzukommen. Dafür sollten Sie sich über die entsprechenden Organisationen und Antidiskriminierungsgesetze informieren.

Für Ihren Coaching-Stil und –Ansatz ergeben sich hier besondere Herausforderungen. Wissen Sie zum Beispiel, wie man jemanden mit Asperger Syndrom, einer Aufmerksamkeitsdefizit-Hyperaktivitätsstörung (ADHS) oder Legasthenie coacht? Holen Sie fachlichen Rat ein, lassen Sie sich helfen, besorgen Sie sich Informationen, nutzen Sie Supervision und machen Sie sich bewusst, welche Änderungen Sie ggf. vornehmen müssen, um ein möglichst effektives Coaching anzubieten.

6.3 Psychische oder verhaltensmäßige Schwierigkeiten

6.3.1 *Umgang mit Niederlagen*

Ab wann gilt etwas als Niederlage oder Misserfolg? Man könnte die NLP-Haltung einnehmen, dass „es keinen Misserfolg gibt, sondern nur Feedback", und dass, wenn man etwas immer wieder neu versucht, die Misserfolge irgendwann aufhören. Edison soll gesagt haben, ihm seien nicht 10.000 Versuche missglückt (oder 5.000, 1.000 oder nur 700?), sondern er habe nur 10.000 Möglichkeiten herausgefunden, die nicht funktionierten. Auf diese Weise erschließt man sich den Weg, der irgendwann dann doch ans Ziel führt.

Vieles spricht also für Reframing. Man erinnere sich daran, dass „etwas erst vorbei ist, wenn es vorbei ist", wie Deni Lyall zu sagen pflegt. Hier einige Coachingansätze für die Arbeit mit Coachees, die glauben, dass sie „versagt" haben:

- *Reframing:* Bringen Sie sie dazu, das Geschehen in einem anderen Licht zu sehen, und zwar so, dass es für sie stimmig ist und nicht banal oder zu stark vereinfacht. Stellen Sie Fragen, die zu einer anderen Sichtweise führen, zum Beispiel: „Das war nicht der richtige Job für mich, weil man dafür jemanden braucht, dem detailliertes Analysieren liegt, was bei mir nicht der Fall ist." Versteift sich jemand auf eine einseitige, wenig hilfreiche Sichtweise, können Sie auch Vorschläge machen, doch letztendlich muss das Reframing, wenn es effektiv sein soll, von den Coachees selbst kommen.
- *Es ist erst vorbei, wenn es vorbei ist:* Ein Klient von Deni Lyall „versagte" in einem Vorstellungsgespräch, weil er die Bemerkung wörtlich genommen hatte, es würde sich lediglich um eine lockere Unterhaltung handeln – und dann war es ganz anders! Er ging also völlig unvorbereitet hin und machte den entsprechenden Eindruck. Auf Denis Vorschlag kontaktierte er den Arbeitgeber noch einmal, erklärte, was passiert war, wurde ein zweites Mal eingeladen und bekam die Stelle!

6.3.2 Coachees sind resistent, engagieren sich nicht oder treten auf der Stelle

Die Gründe und Herangehensweisen sind die gleichen wie bei jedem Coaching. Hier einige Strategien, die Sie verwenden können:

- „Man darf nicht die Person beschuldigen", sagt Deni. Finden Sie stattdessen heraus, was die Betreffenden verschwiegen haben. Oft sind es Dinge, die ihnen peinlich sind, etwa ein missglücktes Vorstellungsgespräch oder dass sie sich nicht gut verkaufen können bzw. das Selbstbewusstsein durch den Verlust der Arbeit einen Dämpfer bekommen hat und es mit der Zeit immer schlimmer wird. Häufig liegt es daran, dass sie nicht gerne netzwerken. Was immer es ist – man muss darüber sprechen und Sie müssen herausfinden, wie Sie ihnen dabei helfen können. Zeigen Sie ihnen, dass Sie auf Ihrer Seite stehen, sie respektieren und dass man sich auf Sie verlassen kann.
- Nancy Kline (1999) stellt eine großartige Frage: „Welche Überzeugung hemmt Sie?"
- Forschen Sie nach, verwenden Sie Clean Language und fragen Sie z. B.: „… und wenn Sie das Gefühl haben, das Sie nicht weiterkommen – wie würden Sie sich stattdessen gerne fühlen?"
- Sprechen Sie über Modelle wie die Kübler-Ross-Veränderungskurve. Wie auch Karen Williams bestätigt, kommen spätestens in der dritten Sitzung starke Emotionen oder Frustrationsgefühle auf, vor allem bei Frauen. Es hilft, wenn man versteht, dass dies ganz normal ist.

6.3.4 Coachees werden nicht aktiv

In Bezug auf das Setzen und Erreichen von Zielen finde ich Marshall Goldsmith (Goldsmith & Reiter, 2008) sehr informativ. Hier einige seiner Ideen, wie man jemanden dazu bewegen kann, aktiv zu werden:

- *Eigenverantwortung:* Ist das Ziel, für das sie sich stark machen, wirklich ihr eigenes oder kommt es von jemand anderem? Aus diesem Grund ist ein wohlgeformtes Ziel (WFO) so wichtig: Man kann sich sicher sein, dass es auch wirklich das eigene ist und welcher Einsatz nötig ist, um es zu erreichen.
- *Zeit und Mühe:* Manchmal dauert es länger, bis das Ziel erreicht ist. Finden Sie für sich einen Weg, mit den Erwartungen Ihrer Coachees

umzugehen, und machen Sie ihnen klar, dass dies nur Teil des Prozesses ist und kein Fehlschlag.

- *Schwierigkeiten:* Manchmal ist es viel schwieriger als erwartet, besonders aber, wenn es um die Veränderung der Identität und der Gewohnheiten geht, da man nicht nur an sich selbst arbeiten, sondern sich außerdem noch um die praktischen Aspekte der Jobsuche oder Existenzgründung kümmern muss.
- *Ablenkungen:* Es können immer auch unerwartete Dinge passieren, die stören und Prioritäten über den Haufen werfen. Helfen Sie Ihren Coachees, sich darauf ein- und umzustellen, sich mit der Situation anzufreunden und diese –wieder einmal mit Reframing – umzudeuten.
- *Belohnungen:* Sorgen Sie dafür, dass Ihre Coachees neben langfristigen auch kurzfristige und Teilziele setzen und dass sie sich für die erreichten Ziele – mögen sie auch noch so klein sein – belohnen. Wenn das ultimative Ziel beispielsweise ein höherer Posten in einer anderen Firma ist, kann man es folgendermaßen aufteilen: Nachforschungen anstellen und eine Liste aller infrage kommender Unternehmen anfertigen; Erfahrungen, Fähigkeiten und Mehrwert bewusst machen; damit einen überzeugenden Lebenslauf gestalten; herausfinden, wo und wie man netzwerken kann; zu einem Netzwerktreffen gehen. Bewegen Sie Ihre Coachees dazu, dass sie sich selbst effektive Belohnungen ausdenken: etwa einen Tag freinehmen und sich etwas Schönes gönnen, z. B. mit einer Flasche Champagner und einem exquisiten Essen.

Wichtig ist, dass Sie sich schon im Vorhinein, d. h. bei der Vertragsvereinbarung und nicht erst später, mit den Erwartungen Ihrer Coachees auseinandersetzen.

6.3.5 Coachees haben ein schwaches Selbstbewusstsein / Minderwertigkeitsgefühle

- Der Begriff „schwaches Selbstbewusstsein" wird oft verallgemeinernd verwendet, dabei mangelt es den wenigsten in jeder Situation an Selbstbewusstsein. Fahnden Sie mithilfe der Logischen Ebenen nach Situationen, in denen Ihre Coachees selbstbewusst sind (Dilts, 1996). Damit haben sie den Nachweis, dass Selbstbewusstsein möglich ist. Gehen Sie noch einmal die Logischen Ebenen durch und erkunden Sie die Situation, in der jemand selbstbewusster sein möchte, finden Sie die Unterschiede heraus und übertragen Sie die Erfahrung einer „selbstbewussten Situation" auf diejenige, in der es an Selbstbewusstsein mangelt.

- Eine meiner Klientinnen fühlte sich durch ihre Vorgesetzten eingeschüchtert und bekam besonders gegenüber den „Alphamännchen" den Mund nicht mehr auf. Sprach sie hingegen mit Kolleginnen oder nachrangigen Angestellten, war sie ganz selbstbewusst. Bei einem Gang durch die Logischen Ebenen merkte sie, dass sie im Gespräch mit Vorgesetzten vor allem deren höhere und ihre niedrige Stellung im Blick hatte. Dank kognitiv-behavioralen Coachings lernte sie, sich dessen gewahr zu werden und das Gefühl durch ein anderes zu ersetzen, indem sie sich die anderen als gleichrangig vorstellte.
- In ihrem Buch *The Secrets of Successful Coaches* (2011) führt Karen Williams ein Interview mit Blaire Palmer, Coachin für Führungskräfte, Autorin und ehemalige Nachrichtenproduzentin bei der BBC. Als Blaire sich klarmachte, dass auch „die da oben" ihre wunden Punkte hatten, hatte sie es viel leichter. Mit diesem Vergleich könnten viele Menschen etwas anfangen, meint Karen.
- Kognitiv-behaviorales Coaching – siehe Kapitel 5.
- Verwenden Sie eine Variante der Wahrnehmungspositionen (O'Connor, 2014). Bitten Sie Ihre Coachees, eine Person zu nennen, die sie wertschätzt, sich in deren Lage zu versetzen und all die Dinge auszusprechen, für die sie sie bewundert.
- Bitten Sie Ihre Coachees, all diese Dinge etwa vor dem Spiegel zu wiederholen: „Ich bin mutig", „Ich bin witzig und charmant" und so weiter. Diese Übung kann tief gehen – stellen Sie sich auf Tränen ein.
- Untersuchen Sie das Selbstbewusstsein bzw. das Selbstwertgefühl Ihrer Coachees und verwenden Sie Clean Language, damit sie positive Metaphern finden.
- Empfehlen Sie weiterführende Literatur wie etwa Gael Lindenfields *Super Confidence* (2000), Matthew McKay et al. (2000), *Selbstwert – die beste Investition Ihres Lebens* oder *Anleitung zur Selbstachtung* von Melanie Fennell (2005) – auf dieser Grundlage können Ihre Klienten Dinge besser verstehen und bekommen Anregungen für weitere Übungen.

6.3.6 Coachees erwarten zu viel von ihren Coachs

- Es ist wichtig, dass man sich gleich von Anfang an mit den Erwartungen der Coachees auseinandersetzt. Greifen Sie das in einem möglichst genau formulierten Vertrag auf und erinnern Sie gegebenenfalls daran.
- Erläutern Sie ihnen das Modell der Transaktionsanalyse (Harris, 1975), das Zusammenspiel zwischen Kind-Ich, Erwachsenen-Ich und Eltern-Ich sowie das damit verwandte Dramadreieck, bestehend aus Verfolger, Retter und Opfer (Karpman, 1968). Vielleicht kennen sie solche Beziehungen und „Spiele" (Berne, 1967) aus eigener Erfahrung und versuchen, sie auch mit Ihnen zu spielen. Sprechen Sie darüber. Unterbrechen Sie den Kreislauf, indem Sie sie zum Nachdenken über sich selbst anregen und sie daraufhin coachen, Verantwortung für sich selbst zu übernehmen. Erwähnen Sie ruhig, dass auch *Sie selbst* Verantwortung tragen und wie Sie damit umgehen.
- Seien Sie nach dem Prinzip „liebevoller Strenge" bestimmt und direkt und machen Sie ihnen auf überzeugende Weise klar, was zum Erfolg nötig ist.
- Stellen Sie eindringliche Fragen und lassen Sie Raum zum Nachdenken. Beispiele: Was halten Sie von unserer Beziehung? Welche Vermutungen stellen Sie in Bezug auf unsere Beziehung an? Wie können Sie dies für sich selbst tun? Entwickeln Sie eine „Denkpartnerschaft" (Kline, 1999).

6.3.7 Coachees mit Identitätsproblemen

Verhaltensweisen, Überzeugungen und Fähigkeiten hängen vom Selbstbild und von der Identität ab, die von einer Kündigung oder anderen einschneidenden Lebensveränderungen infrage gestellt werden und sich wandeln können. Manche Coachees sind sich dessen jedoch nicht bewusst. Verwenden Sie die bereits erwähnten Techniken wie beispielsweise die Logischen Ebenen (Dilts, 1996), um sicherzugehen, dass ihre Identität mit dem Ziel, das sie erreichen wollen, übereinstimmt.

6.4 Wie Coachs mit den Schwierigkeiten umgehen

Und was ist mit Ihnen selbst? Wie gehen Sie mit all diesen schwierigen Situationen um? Achten Sie unbedingt auch auf sich selbst – sprechen Sie mit Ihrem Supervisor / Ihrer Supervisorin, nehmen Sie sich Zeit zum Nachdenken. Fragen Sie sich, was Sie vielleicht selbst zu der Situation beigetragen haben oder ob es einfach an der Dynamik zwischen Ihnen und der / dem Coachee liegen könnte (was durchaus vorkommt) oder ob jemand einfach nicht „coachbar" ist.

Zusammenfassung der wichtigsten Punkte

- Manche Faktoren machen Übergänge besonders schwierig, wenn den Betroffenen beispielsweise gekündigt wurde oder sie versetzt wurden, wenn sie noch jung und unerfahren oder schon älter sind oder eine Führungsposition innehaben.
- Schwierigkeiten kommen auch im Zusammenhang mit psychischen oder verhaltensmäßigen Eigenschaften der Klienten auf, die entweder schon immer da waren oder als Folge der beruflichen Veränderung entstanden sind.
- Sie benötigen Fachwissen, z. B. über Behinderungen, sowie eine Reihe verschiedener Techniken und Ansätze. Diese können ruhig auch aus anderen Coachingzusammenhängen stammen, solange sie sich auf Übergangscoaching übertragen lassen.
- Sie brauchen ein gutes Verständnis des aktuellen Weltgeschehens und sollten wissen, wo und wie man sich informieren kann.
- Falls Ihr Coaching oder die Beziehung nicht funktioniert, reflektieren Sie selbst und besprechen Sie das in der Supervision, um an die Wurzel des Problems zu gelangen. Es mag beim jeweiligen Coachee liegen oder aber auch an Ihnen. So oder so können Sie daraus lernen und vielleicht auch akzeptieren, dass manche Menschen auf Ihr Coachingangebot nicht ansprechen oder im Moment sogar „uncoachbar" sind.

7. Eine neue Tätigkeit, ein anderes Leben – der Übergang

Geschafft, denken sie. Ihr Coachee hat seinen Traumjob gefunden oder wenigstens die nächste Stufe auf der Karriereleiter erklommen. Oder er hat eine größere Veränderung hinter sich (vielleicht wurde die Firma umstrukturiert oder fusioniert) und sieht sich nun mit anderen Aufgaben konfrontiert. Ein neuer Lebensabschnitt beginnt. Doch wie gesagt – dies ist nur der Anfang. Der Übergang ist nur scheinbar vollzogen, denn diese neue Welt wirkt sich auf den Körper und die Psyche des Menschen aus. Und daran muss man sich erst einmal gewöhnen. Wir haben jetzt Phase 3 und 4 des beruflichen Übergangs (siehe Abbildung 2.1) erreicht:

Phase 3 – neue Tätigkeit/Existenzgründung: Vorbereitung auf die ersten 100 Tage; unternehmerische und persönliche Vision und Ziele
Phase 4 – die ersten Monate der Einarbeitung/Umgewöhnung: Erfolge, Herausforderungen, eine andere Identität, ein neuer Stil, neue Herangehensweisen und Fähigkeiten kristallisieren sich heraus, Anpassung an neue Gegebenheiten

„Was erwartet diese neue Welt von Ihnen?" (wie Sie noch sehen werden, ist das die Lieblingsfrage von Professor Peter Hawkins).

Wie ich und viele andere Coachs wissen, befindet sich die Mehrheit unserer Coachees in irgendeiner Art von Übergangszeit oder Wandlungsprozess, auch wenn sie es selbst nicht nennen. Coaching kann die Veränderung beschleunigen, den Schmerz aller Beteiligten lindern und dafür sorgen, dass Menschen, die schnell effektiv funktionieren sollten und dies auch können, nicht ins Stolpern geraten oder ihr Potenzial nicht entfalten. Und trotzdem werden wir oft erst dann hinzugezogen, wenn die Person, das Team oder die Organisation schon in Schwierigkeiten steckt – oder vielleicht sogar nie.

Witness Guy Buckland, inzwischen erfolgreicher Aus- und Weiterbildungsleiter einer Großkanzlei, berichtet von seinem Wechsel:

Früher leitete ich ein Team im Verkaufsaußendienst. Unsere Hauptaufgabe bestand darin, die Bedürfnisse der Kunden zu erfüllen. Dann wechselte ich in die Position eines Ausbildungsleiters und sorgte dafür, dass zahlreiche Angestellte ihre Fähigkeiten verbessern konnten. Ich behandelte sie wie Kunden und übersah, dass nicht sie im Vordergrund standen, sondern die Investoren. Um diese hätte ich mich kümmern müssen. Aber selbst wenn mir das klar gewesen wäre – ich hätte gar nicht gewusst, wie! Niemand hatte mich je eingearbeitet. Ich kam zwar ganz gut zurecht und meine Performance wurde sogar als herausragend beurteilt. Doch die Arbeit machte mir keinen Spaß. Am Ende war ich wirklich ganz schön enttäuscht.

Es gab auch andere Unternehmen, die mehr von meinen Fähigkeiten, Kenntnissen und Erfahrungen profitieren würden, dachte ich, und als sich eine Gelegenheit auftat, freiwillig auszuscheiden, ergriff ich sie und steckte meine Abfindung ein. Nun bin in einem anderen Unternehmen für die Förderung und Weiterbildung der Mitarbeiter zuständig – und glücklich!

Für Guy war der Bruch seines inneren Vertrags (Wellin, 2007) der stärkste berufliche Motivationsschub.

Coaching wird diesen Prozess beschleunigen und den Übergang in eine neue Tätigkeit weniger schmerzhaft machen, vor allem aber in folgenden Situationen:

- Aufstieg ins Management oder in eine Führungsposition
- Schuldsyndrom der Überlebenden – wenn es viele Entlassungen gegeben hat und die Übriggebliebenen die Scherben aufkehren, mit ihren Schuldgefühlen fertig werden und die Arbeit der Gegangenen übernehmen müssen
- im Zusammenhang mit einer Fusion oder Übernahme
- beim Wechsel vom Angestelltenverhältnis in die Selbstständigkeit oder umgekehrt bzw. wieder zurück
- Ruhestand

7.1 Aufstieg ins Management oder in eine Führungsposition

Diese Veränderung gehört zu den schwerwiegendsten, da so viele andere Menschen von ihr betroffen sind. Welche Probleme können dabei auftreten und wie können Sie helfen?

Peter Hawkins, Professor für Leadership an der Henley Business School und Emeritus Chairman der *Bath Consultancy Group*, erkennt vier Phasen in der Entwicklung von Führungskompetenz. In seinen Augen handelt es sich nicht um einen Alleingang, sondern vielmehr um ein *Teamspiel.*

- *Phase 1:* Man versucht, ein „Supermanager" zu sein, gibt den Hansdampf in allen Gassen und will alles managen, Probleme lösen, Brände löschen und viele Räder am Laufen halten.
- *Phase 2:* Nun ist man mehr in der Rolle des „Teamleaders". Man merkt, dass man einen Schritt zurücktreten und sich auf Gemeinschaftsziele konzentrieren muss statt auf individuelle Leistungskennzahlen. Es geht jetzt um Ziele, die keine Führungskraft allein erreichen kann.
- *Phase 3:* In der Rolle des „Team-Koordinators" übernimmt man die Aufgabe, Einzelheiten zu einer Komposition zusammenzufügen und richtige Verbindungen herzustellen: Abteilungsleiterin A mit Abteilungsleiterin B, Leiter C mit seinen Interessengruppen und so weiter. Wird man um Hilfe gebeten, reagiert man nicht mehr mit: „Wie kann ich Ihr Problem lösen?", sondern mit: „An wen können Sie sich wenden?"
- *Phase 4:* Als „Teamcoach" fragt man: „Wie kann ich an meinen Fähigkeiten, an denen der einzelnen Teammitglieder sowie den Fähigkeiten des Kollektivs arbeiten?"

Dieses Konzept einer „Hierarchie" der Führungsstile findet sich in Hawkins Büchern *Leadership Team Coaching* (2011a) und *Coaching, Mentoring und Organizational Consultancy* (gemeinsam mit Nick Smith, 2006) sowie in seinem Beitrag für den Herausgeberband *Supervision in Coaching* (Hawkins, 2011b). Ein wiederkehrendes Thema handelt davon, dass Manager und Führungskräfte keine Einzelpersonen, sondern Teile eines *Systems* sind *und* fähig werden, immer mehr Einfluss auf das System und seine Teile auszuüben. An der Spitze stehen die „Alchimisten", die Mandelas und Gandhis unserer Welt, die eigentlich nicht in einer Organisation angestellt sein können, es sei denn als Aufsichtsratsmitglied. Diese

Menschen können „paradoxe Reaktionen“ hervorrufen“, um die alten Gedankengebäude einzureißen und neue Denkweisen anzuregen.

Natürlich kann man eine Führungsrolle noch ganz anders angehen. Vielleicht favorisieren Sie und Ihr Coachee ja schon einen bestimmten Ansatz, etwa den von Charan, Drotter und Noel (2011), Collins (2011), oder Sie arbeiten mit den „sieben Managertypen“ (Rooke & Torbert, 2005). Da es in meinem Buch nicht um Management und Managemententwicklung geht, werde ich mich nicht eingehend mit diesem Thema befassen, sondern nur die Arbeit von Peter Hawkins vorstellen, den ich eigens dafür befragt habe. Setzen Sie sich mit den Herausforderungen Ihrer Klienten auseinander und stellen Sie sich selbst und Ihren Klienten „taffe Fragen“.

Welche Folgen hat denn solch ein „Aufstieg“? Peter Hawkins ist der Ansicht, dass die Denkweise, die auf der einen Stufe der Karriereleiter zum Erfolg führt, auf der nächsten zum *Miss*erfolg führt. Demnach sollte eine Führungskraft nicht neue Fähigkeiten lernen, sondern bereits erworbene *ver*lernen. In Kapitel 6 haben wir uns damit im Zusammenhang mit der Arbeit von Furnham (2011) beschäftigt.

Peters Erfahrung nach wird unsere Sicht *gezielt unscharf*, wenn es um Dinge geht, zu denen wir mehr auf Distanz gehen bzw. von denen wir uns ganz und gar lösen sollten. Er vergleicht das mit dem „Nadelöhr“, einem Tor, das es früher in Jerusalem gegeben haben soll und das so schmal war, dass ein Kamel nur dann hindurchpasste, wenn man das ganze Gepäck abnahm. Jeder berufliche Aufstieg – sei es von der Projektleitung zur Teamleitung, von der Teamleitung zur Abteilungsleitung, von der Abteilungsleitung zur Geschäftsführung oder von der Geschäftsführung in den Vorstand – hat sein „Nadelöhr“ und Führungskräfte müssen sich immer im Klaren sein, welches Gepäck jeweils abzuwerfen ist. Was bedeutet dies für Sie als Überganscoach? Peter sieht drei Themen:

1. Es sollte mehr um kollektive Führung gehen und nicht so sehr um individuelle.
2. Helfen Sie Ihren Coachees auf die Sprünge, damit sie erkennen, was sie verlernen müssen. Denn es ist gar nicht so leicht durchschaubar, in welchem Denkmodus man sich jeweils befindet. Hierzu führt Peter ein Beispiel an. In einem Wirtschaftsprüfungsunternehmen, das zu den „Big Four“ gehört, wurde er einmal gefragt: „Was müssen wir tun, um Partner zu werden? Wie lauten die sieben Schritte?“ Und was antwortete Peter? „Der erste Schritt: Vergessen Sie diese Frage!“ Dies ist die

Antwort eines Alchemisten auf die Frage eines Technikers (Hawkins, 2011b). Im Denkmodus eines Technikers können Sie nicht leiten. Eine Führungsposition erfordert vielmehr die Frage: „Welchen Akzent möchte ich setzen und wie fange ich das an?"
Und wie kann man den aktuellen Denkmodus „aufmischen"? Indem Sie Ihren Coachees eine Aufgabe stellen, die sie in Ihrem derzeitigen Modus nicht ausführen können. Helfen Sie ihnen, sich die Phase der Veränderung so zunutze zu machen, dass sie in einen neuen Denkmodus gelangen.

3. Konzentrieren Sie sich auf die ersten 100 Tage und wie man sie erfolgreich übersteht. Beginnen Sie damit schon vor dem ersten Arbeitstag. Es gibt Dinge, die man zu keinem anderen Zeitpunkt tun kann, zum Beispiel einen ersten Eindruck hinterlassen. Nach drei Monaten sind Neuankömmlinge im System so gut wie angekommen. Dies ist ein Balanceakt; man beginnt als „collaborative enquirer", d.h., man sieht sich in der Rolle eines Fragen stellenden Mitarbeiters und nicht als „neuen Besen". Es gilt das zu würdigen, was man vorfindet, und zuzuhören – sonst erzeugt man nur Widerstand. Andererseits darf man Veränderungen auch nicht zu lange hinauszögern. Irgendwann ist es nämlich zu spät, um vom Vorteil des Neuheitsstatus Gebrauch zu machen. Helfen Sie Ihren Coachees bei diesem Balanceakt. Solch einen Prozess beschreibt Peter in seinem Buch *Creating a Coaching Culture* (2012).

Aber wie kommen Sie in die Organisation hinein, wie können Sie Führungskräfte bei der erfolgreichen Gestaltung von Veränderungsprozessen unterstützen? Das ist eine knifflige Angelegenheit, für die es aus obigen Gründen keine individuelle Lösung gibt. Da viele Coachees gar nicht wissen, was sie verändern sollen, hat es keinen Sinn, sie direkt zu fragen, was sie wollen. Peter fragt stattdessen als Erstes: „Was verlangt die Welt von Ihnen, dass Sie sich dem stellen?" Solche Fragen locken Neues hervor und stoßen einen Denkwandel an. Sie dürfen sie aber nicht im Denkmodus eines „Technikers" stellen, sondern müssen eine Schippe drauflegen. Wie Peter sagt, braucht es mindestens eine Person mit einem anderen Denkmodus – am besten Sie selbst!

Wie können Sie Ihren Coachees helfen, dass sie die Herausforderung erkennen, der sie sich stellen sollen? Vielleicht mit 360-Grad-Feedback oder einem Dreier- / Vierervertrag, der den Chef oder die Chefin mit einschließt, was allerdings immer noch problematisch ist, wenn diese ebenfalls einen Techniker-Denkmodus haben. Weitere mögliche Fragen: „Wie wird diese

Organisation am meisten von dem Coaching profitieren? Wie könnte sich der Betrieb dadurch ändern?“ Stellen Sie den Vorgesetzten Ihrer Coachees eine Frage, die sie nicht so leicht beantworten können. „Welche Herausforderung klopft an die Tür und ruft Ihnen etwas zu, doch Sie hören es nicht?“ Krempeln Sie’s um und reisen Sie zurück in die Zukunft! Mit jeder neuen Lektion, die einem von der Umwelt erteilt wird, entwickelt man sich weiter. Während der ersten 100 Tage kann eine neue Führungskraft die Herausforderungen oft benennen, ohne jedoch zu wissen, was das für sie bedeutet – eine Veränderung, ein radikaler Wandel im Denken und Sein ist lebenswichtig für das Unternehmen und erfordert ein beidseitiges Umdenken.

Wie können Sie die Rentabilität Ihres Übergangscoachings für Führungskräfte beweisen? In seinem Buch *Creating a Coaching Culture* (2012) schildert Peter Hawkins einen Fall der Wirtschaftsprüfungsgesellschaft Ernst & Young. Deren neue „Direct Entry Partners“ brauchten 18 Monate, damit sie das für ihren Firmeneintritt berechnete Einkommen erzielten. Und wir sprechen hier von einem Umsatz von ein bis zwei Millionen britischer Pfund. Wenn man diese Zeit auf neun Monate kürzen könnte, wären das umgerechnet eine halbe bis eine Million Pfund für jeden neu hinzugewonnenen Partner. Diese wurden meist intern unter Zuhilfenahme des „First-100-Days“-Materials der *Bath Consultancy Group* gecoacht, wo es in der Hauptsache um die Verbesserung von Beziehungen geht.

Dass sie eine so lange Anlaufzeit benötigten, lag größtenteils an einem Denkmodus, der sich automatisch gegen alle bis dahin unüblichen Herangehensweisen sträubte, und an einer Kultur der „Helden“: Man bekommt einen Schreibtisch, ein Telefon und die Anweisung, einfach loszulegen.

Kurzum – verhelfen Sie Ihren Coachees zu „einem Anfang mit dem Ende im Sinn“ (Covey, 1989) und zum Nachdenken darüber, wie sie ehedem erfolgreiche Denkweisen loslassen, der Zusammenarbeit dienliche Fragen stellen und die Übergangszeit nutzen können, um die Dinge neu anzugehen.

7.2 Das Schuldsyndrom der Überlebenden

Es ist allseits anerkannt, dass diejenigen, die nach einer Entlassungswelle übrig geblieben sind, ebenfalls eine Umbruchzeit durchstehen und körperliche und psychische Spuren davontragen. Gerry O'Neill von *Penna* kennt die psychischen Schäden, unter denen sowohl die Betroffenen als auch die Organisation leiden und die zu einer Minderung der Produktivität, schlechtem Kundenservice, Teamkonflikten und krankheitsbedingten Fehlzeiten führen. Er bemüht sich darum, dass diese Punkte in den Maßnahmenpaketen, die gute Arbeitgeber anbieten, berücksichtigt werden.

Belegt sind die eben geschilderten Folgen von Entlassungen in einer 2009 von der *IRS Employment Review* durchgeführten Umfrage (Murphy, 2009). Diese ergab: Die Beeinträchtigung der verbleibenden Beschäftigten durch den Arbeitsplatzabbau ist so groß, dass die erwünschten potenziellen Einsparungen minimiert werden, und zwar aufgrund der schlechteren Arbeitsleistung, der höheren Ausfallzeiten und der stärkeren Fluktuation. Diese Folgen könnte man vermeiden, indem man die Übriggebliebenen proaktiv in den Prozess mit einbezieht und sie unterstützt – ein weiteres wichtiges Betätigungsfeld für Übergangscoachs!

Im besten Fall verändern sich die Arbeitsplätze und die innerbetrieblichen Beziehungen. Wer seine Stelle behalten konnte, verspürt oft Angst, ist verunsichert und fühlt sich verraten, besonders wenn er oder sie die schlechte Behandlung von Kollegen und Kolleginnen mit ansehen musste. Eventuell müssen sie nun zusätzlich zu ihren eigenen Aufgaben auch noch die der Entlassenen übernehmen und sich einarbeiten, andere Kunden betreuen und neue Netzwerke aufbauen.

Penna Services bietet Workshops und/oder Coaching für Manager, damit sie die Reaktionen und Folgen verstehen und damit umgehen können, zum Beispiel mithilfe der Veränderungskurve. Sie erfahren, wie wichtig Kommunikation und Engagement sind, und können ihre soziale Kompetenz weiterentwickeln, auf Gebieten wie Konfliktmanagement, Zuhörbereitschaft und Empathie.

Für Manager ist es wichtig, selbst gut für diese Situation ausgerüstet zu sein, denn schließlich sind sie es, die auch weiterhin mit ihrem Team zusammenarbeiten. Das trägt mehr zu ihrer Glaubwürdigkeit bei und fördert eher das Vertrauen in die Organisation und die Geschäftsführung, was nicht so sehr der Fall wäre, wenn man alles einem externen Coaching- oder Beratungsteam überlassen würde.

7.3 Fusionen und Übernahmen

Auch Organisationen, die nach einer Fusion oder Übernahme neues Personal integrieren müssen – was Gerry O'Neill als umgekehrte Arbeitsplatzverlagerung, eine „ungesuchte" berufliche Veränderung bezeichnet –, bringen Auftragsmöglichkeiten für Übergangscoachs: Man hilft Menschen, sich an eine andere betriebliche Kultur zu gewöhnen, etwa den Grad der Autonomie von Managern, oder kümmert sich um die praktischen Einzelheiten der Unternehmenszusammenführung: Entwicklung von neuen Beziehungen und Möglichkeiten der Zusammenarbeit bei unterschiedlichen Herangehensweisen sowie Integration in ein neues Team. Unternehmen mögen die Fusion, Übernahme und Integration ja gut gestalten (etwa von der IT her) – was das Menschliche angeht, läuft es meist weniger gut. Hier werden Coachs gebraucht, die Manager für den Umgang mit ihren Teams ausrüsten, wie z. B. in Bezug auf neue Verhaltensweisen und Leistungserwartungen, Hoffnungen und Ängste und die Eingewöhnung in einem neuen Umfeld.

7.4 Vom Angestelltenverhältnis in die (Teil-)Selbstständigkeit oder umgekehrt

Die drei wichtigsten Merkmale jeder Art von Selbstständigkeit sind Autonomie, Ungewissheit und soziale Isolation. Im Coaching geht es also hauptsächlich darum, sich das bewusst zu machen und damit zurechtzukommen.

Alle drei psychischen Prozesse haben laut Clinton, Totterdell und Wood (2006) Auswirkungen auf die Arbeitsintensität, das Wohlbefinden und die Work-Life-Balance und spielen neben den persönlichen Eigenschaften und den äußeren Umständen eine wichtige Rolle bei der Selbstständigkeit. Ohne das strukturelle Umfeld der Organisation müssen Selbstständige sich bewusst selbst eine Struktur geben und ihren eigenen organisatorischen Bezugsrahmen schaffen, innerhalb dessen sie ihre neue Identität entwickeln, arbeiten und leben (Gold & Fraser, 2002).

In den Abschnitten in Kapitel 5 und 8 über das Thema, wie man sich für oder gegen die Selbstständigkeit entscheidet, wurde bereits darauf eingegangen, doch nun steckt Ihr Coachee schon mittendrin und braucht neue

Strategien bzw. muss alte überarbeiten. Egal wie gut sie vorbereit sind – an der Veränderungskurve kommen sie nicht vorbei!

Beim Übergang von der Selbstständigkeit in eine Anstellung verliert man auch die positiven Seiten der Selbstständigkeit, was schmerzhaft sein kann, besonders dann, wenn man mit der Geschäftsidee nicht das erwünschte Einkommen erzielt hat oder man wider Erwarten doch ein regelmäßiges Monatsgehalt braucht. Der Verlust der Eigenständigkeit, Unabhängigkeit, Flexibilität und Entscheidungsfreiheit, die Tatsache, dass man anderen gegenüber rechenschaftspflichtig ist, die Politik der Organisation – all das kann ein schwerer Schock sein. Auch hier hat man es wieder mit der Veränderungskurve zu tun. Die Vorteile zu begrüßen und die Verluste zu betrauern ist Teil des Prozesses und Sie als Coach können dabei helfen.

7.5 Der Übergang in den Ruhestand

Gewähren Sie praktische und psychische Unterstützung. Ruhestand kann heutzutage sehr unterschiedlich aussehen, vor allem als Folge neuer Altersvorsorgeregelungen, der sinkenden Rentenansprüche und der Verschiebung des gesetzlichen Rentenalters.

Die Coachees müssen über ihre Finanzlage nachdenken und sich informieren, was heutzutage jedoch relativ leicht ist. Viel schwerer ist der psychische Übergang. Gerry O'Neills Erfahrung nach ist der Verlust der sozialen Kontakte am schwierigsten, aber auch Status und Identität gehen verloren, worunter besonders Führungskräfte leiden.

Das Erzählen der eigenen Geschichte ist eine nützliche Coachingtechnik, weil die Coachees so herausfinden können, wie sie sich selbst und ihre Identität sehen und wie schwierig sie es finden, sich anzupassen. In ihrem Artikel „'We haven't got a seat on the bus for you' or 'All the seats are mine': Narratives und career transition in professional golf" gingen David Carless und Katrina Douglas (2009) der Frage nach, wie die Geschichten, die zwei Golfprofis einander erzählten, sich auf ihren Abschied von der Sportkarriere auswirkten. So hielt Christiana im perfekten Einklang mit der Kultur von Elitesportarten „leistungsorientierte Monologe". Auch ihre Identität war durch und durch die einer Sportlerin, sodass sie sich bei ihrem Abschied aus der professionellen Golfszene als „narratives Wrack" fühlte, einen „Identitätszusammenbruch" erlitt und psychisch erkrankte.

Im Gegensatz dazu hatte Kandy einen „auf Entdeckung ausgerichteten, dialogartigen“ Erzählstil und damit auch eine mehrdimensionale Identität. Bei ihrem Abschied vom Profigolf blieben ihre Lebensgeschichte und ihr Selbstverständnis intakt, sodass sie kaum unter psychischen Problemen litt.

Unterstützen Sie Ihre Coachees, indem Sie sie dazu bringen, ihre Geschichte zu erzählen und wenn nötig darüber auch eine neue Geschichte und eine neue Identität zu entwickeln. Ich kenne eine Coachin, die bei der Vorbereitung auf ihren eigenen Ruhestand die Worte ihres Coachs hilfreich fand: „Natürlich werden Sie immer Coachin sein!“ Dadurch wurde ihr klar, dass ihre Identität, ihr Dasein als Coachin mehr waren als eine Einkommensquelle und beim Ausscheiden aus dem Erwerbsleben nicht einfach aufhören würden.

Zusammenfassung

- Viele Menschen merken gar nicht, dass die Eingewöhnung an einen neuen Arbeitsplatz oder einen neuen Lebensstil ein Übergangsprozess ist. Sich in dieser Phase keine Unterstützung zu holen kann sich langfristig negativ auf den Menschen und die Organisation auswirken.
- Man muss unbedingt fragen, was diese neue Welt will und erwartet. Dies kann für Coach und Coachee eine schwierige Herausforderung darstellen, weil man womöglich komplett umdenken und sich verändern muss, was auf Anhieb nicht immer offensichtlich ist. Stellen Sie Fragen, die aus dem neuen Denkmodus heraus beantwortet werden sollen.
- In der Regel sind bestimmte Dinge auch zu *ver*lernen, weil nicht alles, das zuvor zum Erfolg geführt hat, in der neuen Tätigkeit unbedingt denselben Effekt hat.
- Eine Firmenumstrukturierung bedeutet: Viele Menschen haben unfreiwillig mit einer beruflichen Veränderung zu tun. Mithilfe von Coachs lässt sich ein solcher Prozess besser bewerkstelligen, besonders durch proaktive Unterstützung der Führungskräfte.
- Die Entwicklung oder Akzeptanz einer neuen Identität spielt eine wichtige Rolle und wird durch das Erzählen von Lebensgeschichten unterstützt.

8. Übergänge erfolgreich coachen

Sie haben beschlossen, dass Sie Menschen in beruflichen Übergangsphasen coachen möchten, Sie haben Kapitel 1 bis 7 durchgearbeitet und Sie kennen schon eine ganze Reihe von Ansätzen und Techniken, die Sie verwenden können. – Was brauchen Sie noch für ein erfolgreiches Coachingunternehmen?

Die letzten, nicht unwesentlichen Teile des Puzzles stammen aus der Hand gewiefter Coachs:

- Geschäftsmodelle und Arbeitsmöglichen für Übergangscoachs
- Ausbildung und Qualifikationen

Werfen wir zunächst einen Blick auf die verschiedenen Optionen und ihre Vor- und Nachteile.

8.1 Geschäftsmodelle

Es gibt vier grundsätzliche Alternativen:

1. Sie sind unabhängig, haben Ihr eigenes Unternehmen und arbeiten mit Einzelklienten oder mit Organisationen.
2. Sie schließen sich einem Coaching- oder Beratungsunternehmen an oder arbeiten auf Freelance-Basis dafür (Unternehmen für Personalmanagement oder Organisationsentwicklung, Outplacement-Agenturen oder Consultingfirmen).
3. Sie arbeiten organisationsintern für die Geschäftsleitung, in einer Personalabteilung oder im Rahmen einer Umstrukturierungsmaßnahme.
4. Sie betätigen sich in Behörden, Bildungseinrichtungen oder ähnlichen Dienstleistungsunternehmen, z. B. für die Arbeitsagenturen.

Diese vier Möglichkeiten schließen einander nicht aus. Viele Coachs, mich eingeschlossen, arbeiten mit einem mehrgleisigen Geschäftsmodell.

8.1.1 Unabhängiges Coachingunternehmen für Einzelklienten und Organisationen

Sie haben Ihr eigenes Unternehmen. Das bedeutet: Der Erfolg Ihres Unternehmens hängt ganz von Ihnen ab. Sie entscheiden sich selbst für das Geschäftsmodell. Sie können mit Einzelklienten arbeiten oder Verträge mit Organisationen abschließen und deren Angestellte coachen. Sie sind sowohl für die Kundenakquise als auch für die Ausführung des Coachings zuständig.

Vorteile

- Sie bestimmen selbst, mit welchem Ansatz und welchen Klienten Sie arbeiten oder nicht arbeiten wollen.
- Sie können Ihre ganze Kreativität einbringen.

Nachteile und Probleme

- Sie müssen immer wieder viel Kraft in die Vermarktung und die Entwicklung Ihres Unternehmens stecken, damit Sie genügend Kunden haben.
- Da alles von Ihnen selbst abhängt, kann es zu finanziellen Engpässen kommen und zu Schwierigkeiten, Ihr Kerngeschäft und die strategische Weiterentwicklung Ihres Unternehmens in der Balance zu halten.
- Das Geschäft ist unberechenbar, die Auftragslage schwankt. Mal erstickt man in Arbeit, mal herrscht Flaute.

8.1.2 Arbeit mit Einzelnen oder mit Organisationen – Vor- und Nachteile

Nichtproduktive versus frei einteilbare Arbeitszeit: Das Kosten-/Arbeitsverhältnis fällt bei der Arbeit mit Einzelnen wesentlich ungünstiger aus als bei der mit Organisationen. Die Akquise, die Betreuung und das Coaching von Einzelklienten sowie die Anfahrt zu ihnen kann viel mehr Zeit in Anspruch nehmen, als beispielsweise einen Auftrag von einer Personalabteilung zu akquirieren, nur eine Person – den Auftraggeber – zu betreuen und zu der Organisation zu fahren, um dort einen ganzen Tag lang mehrere Angestellte zu coachen.

- *Honorarhöhe:* Die Arbeit mit Organisationen ist wahrscheinlich lukrativer, da Sie hier die Möglichkeit haben, größere Pakete zu verhandeln, zum Beispiel, alle Manager einer Abteilung oder Ebene zu coachen. In diesem Zusammenhang könnten sich noch weitere Workshops oder Kurse ergeben. Es wird auch nicht ausschließlich um berufliche Veränderungen gehen, es sei denn Sie haben es mit Umstrukturierungen oder einer Entlassungswelle zu tun.
  Das Honorar fällt bei höherrangigen Klienten tendenziell höher aus, bei niederrangigen besteht das Problem, dass immer mehr Organisationen hierfür interne Coachs beauftragen. Hier hat man noch die Möglichkeit, Spezialcoaching anzubieten, etwa für betriebsbedingt Entlassene.
- *Die Beteiligten:* In der Arbeit mit Einzelklienten hat man mit einer Eins-zu-eins-Beziehung zu tun; um weitere Beteiligte muss man sich nicht kümmern. Das ist viel einfacher und übersichtlicher und verursacht weniger Konflikte und Komplikationen. Die Betreuung mehrerer Parteien innerhalb eines Unternehmens – die Coachees, vielleicht noch deren Vorgesetzte und die Personalleitung – und die Erwartungen aller Seiten zu erfüllen ist weitaus schwieriger und erfordert unbedingt einen klaren Vertrag.
- *Einsamkeit:* Es kann ganz schön einsam werden, wenn Sie nur mit Einzelklienten arbeiten, vor allem dann, wenn einige anstrengend sind, wenig Fortschritte machen und nicht tun, was sie sich vorgenommen haben. In der Arbeit mit Organisationen besteht die Chance, dass man auch mit den Angestellten oder anderen Freelancern in Kontakt kommt. So oder so brauchen Sie unbedingt ein lebendiges und rückenstärkendes Netzwerk, ansonsten sind Sie vielleicht besser aufgehoben, wenn Sie sich einem Coachingunternehmen anschließen.
- *Selbstbestimmung bei der Auswahl der Klienten:* Organisationen lassen wenig Wahlmöglichkeiten in Bezug auf die Coachees, während unabhängige Coachs sich diese selbst aussuchen können. Dessen ungeachtet steht man in schlechten Zeiten manchmal unter Druck, „schlechte Geschäfte“ abzuschließen, damit man wenigstens etwas zu tun hat. Je mehr Erfahrung Sie jedoch sammeln und je größer Ihr Unternehmen wird, desto schneller werden Sie gleich beim Erstgespräch herausfinden, mit wem Sie arbeiten wollen und mit wem nicht und wie Sie alle Erwartungen unter einen Hut bekommen. Wie überall im Coaching gibt es auch im Übergangscoaching immer Klienten, die keine oder

nur wenige Fortschritte machen. Außerdem werden Sie die Erfahrung machen: Je mehr Klienten Sie als Expertin anerkennen, desto mehr Klienten werden Sie auf Weiterempfehlung bekommen. Und diese wissen dann schon besser, was sie von Ihnen erwarten können.

- *Finanzierung und Zahlung:* Da Einzelklienten ihr Coaching meist selbst finanzieren, müssen Sie Ihren Wert wirklich unter Beweis stellen und den Preis rechtfertigen: „Das Coaching mag so viel kosten wie ein Urlaub, aber wie viel mehr werden Sie gewinnen, wenn Sie einen Beruf finden, den Sie lieben?“ Von Kunden, die Sie noch nicht kennen, können Sie sich auch im Voraus bezahlen lassen.
  Wenn Sie für eine Organisation arbeiten, ist der finanzielle Spielraum eventuell größer und damit auch die Sicherheit, dass Sie Ihr Geld bekommen. Dafür müssen Sie aber die Bedingungen akzeptieren. Checken Sie vorsichtshalber den Vertrag auf lange Zahlungsfristen ab, verhandeln Sie so gut wie möglich und schicken Sie eine Mahnung, falls das Geld nicht pünktlich auf Ihrem Konto landet.

- *Die Erwartung der Klienten:* Karen Williams hat manchmal Kursteilnehmer, die am Ende arbeitslos sind, entweder weil sie das selbst so wollen, sie auf den richtigen Job warten oder weil die Marktlage gerade schwierig ist. Machen Sie Ihren Klienten klar, dass Sie ihnen Strategien vermitteln, allerdings ohne Jobgarantie. Arbeit zu finden wird den Klienten einige Anstrengung abverlangen. – Sind sie also bereit, für das, was sie erreichen wollen, die notwendigen Dinge zu tun? Einer von Karens Klienten wurde überhaupt nicht aktiv, lehnte Karens Vorbereitungshilfe für Vorstellungsspräche ab und hatte – wen überrascht's? – keinen Erfolg.
  Wer für eine Organisation arbeitet, wird mit Erfolgserwartungen konfrontiert (Näheres dazu siehe im Abschnitt über Outplacement unter 8.3). Sorgen Sie dafür, dass diese realistisch bleiben und dass die Organisation die Kriterien erfüllt, damit Sie ihrerseits deren Erwartungen erfüllen können.

8.2 Was tun Sie, damit Ihr Coachingunternehmen erfolgreich ist?

Achtung: Das Folgende wird zum Teil widersprüchlich klingen! Eine Nische ist wichtig, doch die Schlüssel zum Erfolg heißen Flexibilität und Vielseitigkeit. Also:

Finden Sie Ihre Nische, positionieren Sie sich: Machen Sie sich eine klare Vorstellung von ihren idealen Klienten. Für Karen Williams ist das zum Beispiel Sarah, eine 39-jährige Frau mit zwei Kindern, die Vollzeit arbeitet (etwa als Managerin, Buchhalterin oder Lehrerin). Sie wird bald 40 und ihr ist klar, dass sie wahrscheinlich noch 25 Arbeitsjahre vor sich hat und nicht immer dasselbe machen will.

Dies ist eine ziemlich konkrete Nische, für die man leicht eine Schnellpräsentation entwerfen kann, kurz genug für die Dauer einer Fahrstuhlfahrt („elevator pitch"). Karens Beispiel: „Menschen, denen gekündigt wurde oder die vor einer beruflichen Veränderung stehen, helfe ich bei der Suche nach ihrem Traumjob." Eine derart kondensierte Aussage wird sich im Lauf der Zeit entwickeln und die Coachees können das mitnehmen, wonach sie persönlich suchen. So hat Karen zurzeit viele Klienten, denen beruflich etwas fehlt oder die ihr eigenes Unternehmen gegründet haben.

Angela Watson verfolgt den umgekehrten Ansatz. Eine Übergangsphase sei nie zu Ende, das Leben sei ein Experiment. „Bring dich ein und dann schau, was dir gefällt und was nicht", sagt sie. Als sie ihre Vollzeitstelle an den Nagel hängte und eine Ausbildung zur Coachin und Trainerin machte, definierte sie keine Nische. Sie hatte das Gefühl, dass die Welt zu groß dafür war. Als ehemalige Medizinerin konzentrierte sie sich zuerst auf Ärzte und steht mittlerweile, fünf Jahre später, auf vier Standbeinen: „Coaching für Berufstätige über Vierzig", Entwicklung von Führungskräften, Einzelcoaching und Ausbilderin für Führungscoachs / NLP. Erst in unserem Gespräch wurde ihr klar, wie all diese Dinge zusammenpassten, und dass sie „die Stränge mehrerer Arbeitsbereiche gut zusammenhalten" konnte. Mehr als andere Bücher über Berufswechsel traf Herminia Ibarra's *Working Identity* (2003) den richtigen Nerv bei ihr – sie hatte einfach keine Lust mehr auf die herkömmlichen „Zehn-Punkte-Pläne"!

Halten Sie mehrere Karten in der Hand: Ein mehrgleisiges „Portfolio"-Angebot ist der Schlüssel zum gut verdienenden unabhängigen Coach. Die meisten Coachs haben noch weitere Einkommensquellen in Form anderer Dienstleistungen, entweder zu Anfang ihrer Selbstständigkeit oder auch später, etwa im Rahmen eines Coachingpakets. Beratung ist eine häufige Kombinationsmöglichkeit. Es kann aber auch ein Zusatzangebot sein, das sich aus dem früheren (Berufs-)Leben ergibt, oder auch eine völlig andere Geschäftsidee.

Karen Williams hat eine klare Nische, bietet aber auch weitere Dienstleistungen an. Übergangscoaching ist für sie die „Eintrittskarte" für Weiterempfehlungen. Dank ihrer Erfahrung im Bereich Personalverwaltung kann sie auch als Personalvermittlerin tätig sein oder Hilfe bei der beruflichen Profilierung und beim Zeit- und Stressmanagement leisten. Da sie Unternehmen nicht als ihre Zielgruppe betrachtet, sucht sie nicht aktiv nach Aufträgen als Firmencoachin, sagt aber nicht nein, wenn sich etwas ergibt. Durch ihre vielseitigen Kenntnisse und Erfahrungen kann sie auf mehr Ansätze und Methoden zurückgreifen als andere Life-Coachs und kann gerade Menschen in beruflichen Übergangsphasen effektiv coachen. Und als Existenzgründerin bietet sie inzwischen auch Businessmentoring für „Solopreneure" an.

Ich selbst bin als Beraterin tätig und biete darüber hinaus auch Managemententwicklung und Training für Führungskräfte an. Übergangscoaching ist meist Teil meines „Beratungspakets". Meine Aufträge bekomme ich überwiegend über feste Mitarbeit; ich arbeite aber auch unabhängig, etwa als Coachin für Angestellte, als Trainerin von Führungskräften, Managemententwicklerin und Beraterin für Change-Management und Personalabteilungen.

Letztendlich kann Coaching auch eines von mehreren Standbeinen in völlig unterschiedlichen Bereichen sein. Ein Beispiel dafür ist Andy Britnell, der sich auf seinem Blog „See a man about a blog" als „Musiker, Lehrer, Coach und Alchemist!" beschreibt. Nachdem er sich für sein eigenes Unternehmen mit sozialen Medien vertraut gemacht hat, bietet er diese Kenntnisse nun anderen Menschen an und hilft ihnen (mich eingeschlossen!) bei der Entwicklung und Umsetzung einer Social-Media-Strategie. Er bietet jedoch mehr als nur Social-Media-Training oder technischen Support, weil er außerdem noch seine Coachingfähigkeiten mit einbringen kann – und hat damit sein Alleinstellungsmerkmal.

Achten Sie auf Ihre Online-Präsenz: Karen Williams hat eine sehr dynamische Website (↗ http://www.selfdiscoverycoaching.co.uk/), die ihren Stil und ihren Ansatz widerspiegelt und den Bedürfnissen ihrer Zielgruppe entspricht. Es ist, als spräche sie mit einem, sagen viele. Sie hat eine freundliche und verbindliche Art und spricht Probleme an, die die Menschen kennen.

Selbstverständlich müssen Sie auch auf LinkedIn aktiv sein und sich noch weitere Online-Marketing-Strategien überlegen. Wenn Sie keine Expertin sind, ist es wahrscheinlich einfacher und schneller, jemanden damit zu beauftragen – etwa jemanden wie Andy Britnell, der Ihnen bei der Planung einer vielseitigen Strategie helfen kann.

Achten Sie auf Ihre Präsenz im direkten Kontakt: Als unabhängiger Coach dreht sich Ihr Unternehmen hauptsächlich um Sie selbst. Daher müssen Sie dort draußen präsent sein, Workshops geben, zu Netzwerktreffen gehen und Vorträge auf Tagungen halten. Wenn die Leute mit Ihnen arbeiten wollen, müssen sie Sie erleben. Michael Neill sagt in einem Interview mit Karen Williams (2011), dass man seinen Wert unter Beweis stellt, indem man potenziellen Klienten zeigt, dass man neun Auswege aus ihren acht Sackgassen kennt. Damit gewinnen Sie immer!

Bleiben Sie mit früheren Arbeitgeberinnen und Kolleginnen in Kontakt: Aufträge können sich nicht nur über ehemalige Klientinnen und Klienten ergeben, sondern auch über frühere Arbeitgeber und Kollegen, nicht unbedingt sofort, aber vielleicht einmal später. Diese wissen, was Sie können, und haben bereits eine vertrauensvolle Beziehung zu Ihnen (vorausgesetzt natürlich, dass Sie im Guten auseinandergegangen sind!). Dass Sie für Ihre Expertise aus der Zeit Ihrer Anstellung bekannt sind, ist in Karens Augen das Sprungbrett, von dem aus Sie Coaching als Fortsetzung Ihrer früheren Arbeit anbieten können.

Diese Beziehungen können sehr fruchtbar sein, manchmal auf eine Weise, mit der man nicht gerechnet hat. So hat sich der prägnante Satz aus dem *Independent Consultant's Survival Guide* (Johnson, 2005) „Von Leuten, die Ihnen auf Ihre Ankündigung, Sie wollen sich selbstständig machen, Aufträge zusagen, werden Sie *keine* bekommen!“ bei mir bewahrheitet. Und trotzdem waren diese Gespräche ungemein wertvoll für mich, weil sie mir „auf meinem Spielfeld“ Selbstvertrauen einflößten und mich davon überzeugten, dass ich „mich verkaufen“ kann. Zudem ergaben sich dadurch weitere Kontakte. Einmal tauschte ich mich mit einem früheren Kollegen aus, als er eine Anfrage aus Sri Lanka bekam. Da er nicht konnte, stellte er mich vor und so kam ich an einen meiner besten Klienten.

Und die Moral von der Geschichte? Netzwerken, netzwerken und noch einmal netzwerken! Ich werde das, was ich in Kapitel 5 zum Thema Klienten gesagt habe, nicht wiederholen. Blättern Sie einfach zurück und entscheiden Sie!

Coachen Sie sich bei Ihrer Existenzgründung selbst: In den Ohren von Übergangscoachs klingt dies vielleicht ein bisschen nach „Arzt, heile dich selbst!“ Was ist am besten für Sie? Wie treffen Sie Entscheidungen und wie verändern Sie Dinge in Ihrem Leben? Nehmen Sie sich die Ratschläge zu Herzen, die Sie Ihren Coachees erteilen. Sie müssen nicht gleich ins kalte Wasser springen, wenn Sie aus einem Angestelltenverhältnis in die Selbstständigkeit überwechseln, sondern können den Übergang allmählich gestalten, indem Sie etwa Ihre Arbeitszeit reduzieren, sich freinehmen oder Teilzeit arbeiten, damit Sie mit dem Marketing beginnen und einen Kundenstamm aufbauen können – siehe den Ansatz von Karen Williams. Zwar kommt Ihr Geschäft so langsamer in die Gänge, dafür haben Sie aber einen risikomindernden Puffer. Andererseits wollen Sie vielleicht gar keinen zu großen Puffer, weil Sie dadurch weniger motiviert sind, Aufträge zu akquirieren!

Zu meinem Glück hatte ich eine sehr lange Kündigungsfrist. Die ich voll ausnutzte, um mit anderen Selbstständigen zu sprechen, potenzielle Auftraggeber zu treffen und mich mit meiner neuen Identität als Selbstständige anzufreunden. Im Grunde hatte ich schon zehn Jahre zuvor mit diesem Prozess begonnen! Ich trat einem Frauennetzwerk für Unternehmerinnen bei, hielt dort Vorträge über Themen, für die ich mich begeisterte und mit denen ich mich auskannte, und informierte mich über die Selbstständigkeit. Letztendlich war es dann gar kein Sprung aus großer Höhe, sondern nur ein kleiner Schritt weiter geradeaus.

Ein Berufswechsel sollte kein „Kopfsprung“ sein, mit den Assoziationen „unsanfte Landung“, „absaufen“ und „baden gegangen“, rät Angela Watson. Steigen Sie bequem über die Leiter hinein!

Und so sah Angelas Leiter aus:

1. Vorbereitung auf die Selbstständigkeit
2. Unternehmensgründung – *PGD Coaching Solutions Ltd*
3. Der erste zeitlich befristete Vertrag als Freelance-Sachbearbeiterin für die staatliche Gesundheitsbehörde Großbritanniens (NHS) in einem Krankenhaus, das sie kannte und wo man auch sie kannte (als ehemalige Krankenschwester und NHS-Zuständige), über vier Tage wöchentlich (mit den gleichen Aufgaben, aber aus der unabhängigeren Position der Selbstständigen heraus). Dies war der erste Schritt zu ihrer neuen Identität.
4. Coachingausbildung und NLP-Kurs (einen Tag wöchentlich)
5. Ihren nächsten Auftrag bekam sie im selben Krankenhaus, aber auf ihren Wunsch hin nur für zwei Tage die Woche, da sie bereits begonnen hatte, als Coachin zu arbeiten.
6. Der erste Auftrag als Cochin vom NHS: Coaching für Ärzte und Krankenpfleger am Ende der Ausbildungszeit als Vorbereitung auf eine leitende Stelle.
7. Beendigung ihrer Tätigkeit als NHS-Sachbearbeiterin und Ausbau des Coachingunternehmens mit Schwerpunkt Entwicklung von Führungskräften.

Ob sie sich nun Watsons oder Ibarras Philosophie zustimmem – wer erfolgreich sein will, muss sich neu erfinden, flexibel sein und dem sich wandelnden globalen wirtschaftlichen Fokus anpassen. Angelas Blog kam zustande, weil sie den Menschen, mit denen sie beruflich zu tun hatte, ihre Geschichte erzählen wollte und diese wissen wollten, wie sie es geschafft hatte. Daran kann man wieder einmal sehen, welche ungeahnten Möglichkeiten im Erzählen der eigenen Geschichte stecken und was das bewirken kann.

8.3 Feste oder freie Mitarbeit für Personalabteilungen, Consultingfirmen, Outplacement-Agenturen und in der Organisationsentwicklung

Vorteile

- Sie brauchen sich nicht um die Geschäftsentwicklung und das Marketing zu kümmern.
- Sie bekommen Arbeit, zwar nicht unbedingt häufig oder regelmäßig, aber dafür benötigen Sie keine Zeit für den Aufbau von Beziehungen.
- Sie arbeiten nach einem bestimmten Format, brauchen kein eigenes zu entwickeln und werden entsprechend eingearbeitet.
- Manche Organisationen bieten Weiterbildungskurse an, die meistens weniger kosten.
- Sie haben „Kolleginnen und Kollegen", sind also nicht so einsam.
- Wenn Sie mit einer Personalabteilung oder einer Agentur für Organisationsentwicklung zusammenarbeiten, bekommen Sie darüber vielleicht auch noch andere Aufträge, was Ihre Möglichkeiten erweitert, Ihre Arbeit vielseitiger macht und lukrativer ist als reines Übergangscoaching.
- Als Nicht-Angestellte haben Sie mehr Abstand zu Betriebsinterna und setzen nicht alles auf eine Organisation. Sie bleiben unabhängiger und haben weniger Angst, Ihre Arbeit zu verlieren – Sie haben andere Klienten und können neue finden.
- Es ist kostengünstig und einfach zu bewerkstelligen. Sie brauchen keine teure Website und müssen nicht ins Marketing investieren – netzwerken reicht!

Nachteile und Probleme

- Manchmal wird man ohne Weiteres von einer Consultingfirma unter Vertrag genommen, bekommt dann aber keine Arbeit – die meisten haben schon einen Pool erfahrener und zuverlässiger fester Mitarbeiter und Mitarbeiterinnen, auf den sie immer zugreifen. Ich war einmal vier Jahre lang bei einer Organisation und obwohl ich mir alle Mühe gab, in Kontakt zu bleiben und eine Beziehung zu den entscheidenden Personen aufzubauen, bekam ich nicht einen einzigen Auftrag.
- Manche Organisationen erwarten von Ihnen, dass Sie Zeit und Können umsonst zur Verfügung stellen, etwa um an einem Kurs teilzunehmen und bei der Geschäftsentwicklung oder in der Kundenverwaltung mitzuhelfen. Dies ist jedoch keine Garantie für Aufträge.

- Das Honorar ist um einiges niedriger als bei Selbstakquise – das ist halt der Preis für das „gemachte Nest". Manche Firmen zahlen einen bestimmten Prozentsatz des Klientenhonorars, der sehr unterschiedlich sein kann – manchmal bekommen Sie nur ein Drittel. Andere zahlen ein Fixhonorar, das mal verhandelbar ist, mal aber auch nicht.
- Die Anzahl der Aufträge – und damit auch Ihr Honorar – ist nicht berechenbar. Möglicherweise kann man bei Consultingfirmen eher mit regelmäßigen Aufträgen rechnen, etwa einmal im Monat oder sogar in der Woche.
- Es wird erwartet, dass man mit den Prozessen und Methoden der jeweiligen Firma arbeitet und für die entsprechende Ausbildung bezahlt. Das schränkt Ihre Freiheit ein und verursacht Kosten.
- Man ist trotzdem einsam – weil man nicht richtig dazugehört. Oft arbeitet man allein und kann in schwierigen Zeiten leichter beiseitegeschoben werden. Sorgen Sie dafür, dass Sie von einem Netzwerk Gleichgesinnter umgeben sind, das Sie unterstützt und Ihr Geschäft zum Blühen bringt! Das kann im persönlichen Kontakt sein, etwa indem Sie sich einer Co-Coaching- oder Co-Working-Gruppe anschließen oder eine solche gründen. Oder Sie vernetzen sich virtuell, über soziale Medien.

8.3.1 Was tun Sie, um als Freelancer erfolgreich zu sein?

- Flexibilität ist gefragt – Sie dürfen nicht auf die Anwendung Ihrer eigenen Methoden erpicht sein.
- Akzeptieren Sie, dass Sie zum Ausgleich für die Dienste, die die Organisation für Sie leistet – besonders für die Zeit und die Mühe der Kundengewinnung –, weniger verdienen.
- Es darf Ihnen nichts ausmachen, unter einem anderen Warenzeichen zu arbeiten. Manche Consultingfirmen legen Wert darauf, dass Sie als Mitarbeiterin auftreten, andere stehen zu ihren Freelancern.
- Sehen Sie das als doppelten Nutzen – Sie arbeiten selbstständig, sind aber von manchen Aufgaben der Unternehmensführung, wie etwa dem Marketing, teilweise entbunden.
- Stellen Sie schnell eine Kosten-Nutzen-Rechnung auf, entweder indem Sie recherchieren oder auf der Basis ihrer Erfahrungen mit der jeweiligen Organisation. Fragen Sie in Ihrem Netzwerk herum, um herauszufinden, wie viel Zeit und Extraarbeit bestimmte Aufträge kosten und was man daran verdient. Ansonsten kann es passieren, dass sich ein

Auftrag nicht rentiert. Begrenzen Sie den Schaden, aber denken Sie auch daran: Wer nicht wagt, der nicht gewinnt!
Als mich eine Organisation, für die ich schon Jahre vor meiner Existenzgründung unbedingt arbeiten wollte, endlich als freie Mitarbeiterin annahm, war das wie ein Traum, doch dann wurde mir allmählich bewusst, welchen Preis ich zahlen musste: Immer wieder leistete ich viele Tage unbezahlter Arbeit, die Anfahrt zum Ausbildungsort kostete mich einen Tag und dann schrieb man mir auch noch ganz genau vor, wie ich meine Arbeit zu machen hatte. Traurig beschloss ich, zu gehen – aber wie zufrieden war ich mit mir selbst! Achten Sie darauf, dass Sie rechtzeitig den Ausstieg finden!
- Netzwerken, netzwerken, netzwerken! Machen Sie sich selbst bekannt, bleiben Sie mit potenziellen Klienten, die Sie schon kennen, in Kontakt, halten Sie sich auf dem Laufenden und bauen Sie ein Netzwerk Gleichgesinnter auf, das Sie unterstützt.

8.3.2 Vor- und Nachteile einer Outplacement-Agentur

- Eine solche Organisation besetzt eine eindeutige Nische und unterbreitet ein klar definiertes Dienstleistungsangebot, unter dem Coachs wie Klienten sich genau vorstellen können, was sie erwartet.
- Sie haben eine bekannte Marke im Rücken und können auf Ressourcen und Produkte zurückgreifen (so genießt *Penna* auf dem Outsourcingmarkt bereits einen guten Ruf), die Ihren Klienten nützen, zum Beispiel ein Portal mit Brancheninfos oder Existenzgründungsworkshops.
- Man kann sich direkt anstellen lassen, was ein geregeltes Einkommen und regelmäßige Arbeit bedeutet. Aber sogar als fester Freelancer kann man eine bestimmte Anzahl von Arbeitstagen pro Woche oder Monat erwarten.
- Es gibt viele verschiedene Betätigungsmöglichkeiten, zum Beispiel kann man erste Vorstellungsgespräche durchführen, Workshops zu allgemeinen oder speziellen Themen halten (z. B. Jobsuche oder Selbstständigkeit) und mit Klienten arbeiten, die in Bezug auf Kompetenz und Selbstsicherheit zu Ihnen passen – von Arbeitern über Manager bis zu Geschäftsführern.
- Sie werden ausgebildet – manchmal gegen eine geringe Gebühr. Die so erworbenen Fähigkeiten und Qualifikationen können Ihnen auch anderweitig nützen und Sie müssen Ihre eigene Weiterbildung nicht mehr komplett selbst organisieren.

- Sie haben erfahrene Kolleginnen und Kollegen aus demselben Bereich, die Sie zurate ziehen oder mit denen sie einfach Ideen und Probleme bereden können. Sie bekommen Unterstützung und kommen gleichzeitig auch aus Ihrer isolierten Freelancing-Position heraus.
- Viele Outplacement-Coachees nehmen sehr viel Zeit in Anspruch und können sich als Folge ihrer Entlassung nicht so schnell auf ihren Coach einlassen. Manche sträuben sich richtig dagegen. Sie brauchen eine Weile, bis sie Ihnen vertrauen, ihre Niederlage überwinden und einsehen, dass sie Hilfe nötig haben. Manche leiden womöglich unter Depressionen und haben einfach nicht die Kraft, sich auf etwas zu konzentrieren und sich darauf einzulassen. Andere, die beispielsweise in Rente gehen, sind optimistisch gestimmt, stellen aber sechs Monate später fest, dass sie mit der Umstellung doch nicht zurechtkommen und Hilfe benötigen. Bei *Penna* will man die Dinge normalerweise innerhalb eines Jahres unter Dach und Fach bringen, üblicherweise sind es sogar nur sechs bis neun Monate, und der Trend geht dahin, dass die Programme immer kürzer werden.
- Es ist sehr lohnenswert, wenn man Menschen, die entlassen worden sind, wieder aufhelfen kann und dann sieht, wie sie Fortschritte machen.

Was tun Sie, um im Outplacement erfolgreich zu sein?

- Sie müssen die vorgegebenen Methoden erlernen und anwenden. In der Regel zahlen feste Freelancer ihre Ausbildung selbst und bekommen keine Entschädigung für den Zeitaufwand.
- Es werden spezifische, staatliche oder private, Qualifikationen erwartet.
- Man hat oft mit Menschen zu tun, die sich nach ihrer Entlassung emotional in einem Schockzustand befinden, unter Stress stehen und Probleme mit ihrem Selbstbewusstsein und Selbstwertgefühl haben. Viele Betroffene fühlen sich als Opfer oder trauern, d. h., sie befinden sich auf der Kübler-Ross-Veränderungskurve am Tiefpunkt. Andere zeigen sich widerständig, weil sie „geschickt" wurden oder Coaching nicht mögen – sie fühlen sich beurteilt oder haben Angst vor Kontrollverlust. Hier muss man mit starken Emotionen umgehen können.
- Es gibt mehrere Interessengruppen, die es zufriedenzustellen gilt: Coachees, Organisationen als Klienten und die Outplacement-Agentur – um nur drei zu nennen! Die meisten Firmen, die Outplacement-Agenturen einsetzen, streben laut Gerry O'Neill von der Agentur *Penna*

Vereinbarungen mit verschiedenen Zielen und Leistungsparametern an. Diese können lauten:
- Innerhalb eines festen Budgets zu arbeiten: Gerry O'Neill stellt fest, dass der Druck wächst und die Controller zunehmend Kostenreduzierungen bzw. mehr Wert für weniger Geld verlangen. Irgendwann ist fragwürdig, was die Klienten davon haben, beispielsweise von einem Tagesworkshop zum Einmaleins der Jobsuche plus eine Stunde Coaching.
- Dass man Fristen festlegt und sich daran hält.
- Qualitätskontrollen z. B. in Form von Feedback von Workshopteilnehmern oder Einzelcoachees
- Ergebnisse: Wie Gerry seinen Klienten gegenüber deutlich macht, würden die Ergebnisse davon abhängen, was die Einzelnen wollen. Nicht jeder suche beispielsweise sofort nach einer neuen Stelle. Daher müsse man zu Beginn mit den Coachees bestimmte Dinge vertraglich festlegen, etwa was in drei Monaten erreicht werden soll: z. B. dass man zu seinem Lebenslauf stehen und über seine Vorzüge sprechen kann oder weiß, was man beruflich machen will. Im Lauf des Prozesses kann sich das jedoch ändern.
- Kenntnis darüber, warum die Firma eine Vermittlungshilfe für ihre Mitarbeiter in Anspruch nimmt: Danach richtet sich, was man von Ihnen erwartet. Manche bieten Outplacement an, weil sie das als moralische Pflicht empfinden und den echten Wunsch haben, dass die Entlassenen mit einem Erfolgsgefühl gehen. Andere dagegen wollen einfach den Punkt „Unternehmensverantwortung" auf ihrer Liste abhaken.

■ Sie müssen sich auf dem Markt auskennen und wissen, welche Branchen gerade boomen und welche Fähigkeiten übertragbar sind.

■ Außerdem brauchen Sie das Know-how, wie Klienten Vakanzen ausfindig machen können – bspw. über Jobfinder- oder Firmenwebsites.

■ Outplacement funktioniert – davon können Sie überzeugt sein. Allerdings kommen nur zwei Prozent des Arbeitsmarkts in den Genuss.

■ Entwickeln Sie ein gutes Netzwerk, über das auch Ihre Klienten Informationen und Ratschläge beziehen können, z. B. von Führungskräften großer Konzerne, wenn Ihre Klienten danach streben.

- Erwarten Sie keine besonders üppige Bezahlung – hier wird sozusagen auch „unprofessionell" gearbeitet; manche betreiben Coaching mehr oder minder als Hobby, führen eher ein Nischendasein und sind eigentlich keine echten Coachs. So sind Führungskräfte mit Fachwissen oder Kenntnissen über Existenzgründung, die ihre Unterstützung in diesen Bereichen anbieten, meist nicht umfassend ausgebildet und müssen nicht davon leben, wie z. B. Rentner. Außerdem werden Sie nicht immer für jede Besprechung bezahlt, etwa für das erste Treffen mit einem Klienten. Am besten gehen Sie ganz zielstrebig vor, damit Sie die Ziele dieser unbezahlten Pflichten so schnell wie möglich erreichen.

Ein Tag im Leben einer erfahrenen Outplacement-Coachin

Deni Lyall von der Firma Winning Performance ist eine sehr erfahrene und qualifizierte Coachin, die teilweise mit einer Outplacement-Agentur zusammenarbeitet und Folgendes über ihre Arbeit berichtet:

In der Regel beginnt ein neuer Outplacement-Auftrag mit dem Anruf eines Coachs, der anfragt, ob sie die Arbeit mit einer Frau, mit der er gerade ein Erstgespräch durchgeführt habe, übernehmen könnte. Von ihm erhält sie außerdem nützliche Informationen, bevor sie die Klientin kontaktiert und mit ihr ein Treffen zur Zielklärung vereinbart. Solch ein Treffen kann ganz unterschiedlich ablaufen. Deni könnte fragen, was bislang passiert ist, wie es der Coachee geht und ob sie bereits Vorstellungen hinsichtlich ihrer Zusammenarbeit hat. Vielleicht weiß die Coachee, woran sie arbeiten will. Möglicherweise braucht sie nur Hilfe beim Erstellen ihres Lebenslaufs und bei der Vorbereitung auf Vorstellungsgespräche. Vielleicht geht es aber auch um kompliziertere Dinge. Genau nachzufragen ist dabei immer wichtig.

Deni findet, dass die Menschen heutzutage ziemlich clever sind und sich gut auskennen. Fast jeder hat schon die Stelle gewechselt oder ist vielleicht sogar schon einmal entlassen worden. Ihre Aufgabe habe sich geändert, es ginge weniger um ihr eigenes Know-how zu bestimmten Themen als darum, zu vermitteln, wie die Klienten an dieses Know-how herankommen, beispielsweise sich über den Arbeitsmarkt zu informieren und zu wissen, welche Informationsquellen zuverlässig sind und welche nicht. Sie müssen sich auf dem Laufenden halten, etwa in Bezug auf Netzwerkwebsites wie LinkedIn, und welche Informationsquellen solide und zuverlässig sind.

Deni ist u. a. deswegen so erfolgreich, weil sie über ein größeres Repertoire an Hilfsmitteln verfügt als andere – insbesondere kann sie auf eine Reihe von Clean-Language-Methoden, NLP-Techniken sowie auf McClellands (1961) bedürfnisorientiertes Motivationsmodell zurückgreifen. Ihr ist klar, dass jeder Mensch etwas anderes will und andere Bedürfnisse hat. Die Vorbereitung von Lebenslauf und Vorstellungsgespräch ist erst dann sinnvoll, wenn man über das nötige Selbstvertrauen verfügt und sich seines Werts bewusst ist. Coachees, die nicht aktiv genug sind, konfrontiert sie und sagt zu ihnen: „Bei Ihnen ist ja nicht gerade viel los, andere bringen viel mehr in Bewegung!" Manche würden ihr Outplacement verschwenden und bei manchen würde es nicht funktionieren. Das akzeptiert sie: Aus irgendeinem Grund passe es nicht zusammen und das sei dann auch gut so.

In Bezug auf die vielen Interessengruppen beim Outplacement, sagt Deni, sei es eine Mischung, obwohl es immer darum ginge herauszufinden, was für die Coachees am besten sei. Ihre Sitzungen finden normalerweise von Angesicht zu Angesicht statt, zunehmend aber auch per Skype oder Telefon, zum einen wegen der Flexibilität und zum anderen, weil viele heutzutage daran gewöhnt sind.

Sehr wichtig sei auch, dass man den Coachees helfen kann, aus mehreren Jobangeboten auszuwählen. Aus ethischen Gründen und wegen des guten Rufs der Outplacement-Agentur sollte man den Coachees die Entscheidung überlassen und sie so dabei unterstützen, dass die Entscheidung, die sie treffen, auch wirklich trägt. Die Coachees lernen, Angebote hinauszuzögern oder den Prozess zu beschleunigen, z. B. indem sie die Firma anrufen und mitteilen, dass sie die Stelle sehr gerne annehmen würden, jedoch ein anderes Angebot bekommen hätten und noch am selben Tag eine definitive Antwort bräuchten.

Mit gefällt Denis Fazit: „Was man hat, hat man, und man kann alles haben, was es gibt." Nicht immer lassen sich Träume realisieren. Freuen Sie sich am vielseitigen Austausch, staunen Sie und seien Sie dann erst pragmatisch. Deni nennt Outplacement-Coaching „Arbeit vor Ort" – die noch lohnenswerter wird durch all die tollen E-Mails, die sie bekommt: Gut für die Seele!

8.3.3 Personalmanagement, Umstrukturierungsmaßnahmen und Unternehmensleitung

Vorteile

- Sie sind fest angestellt und profitieren von den Ressourcen und Möglichkeiten einer Firma, Arbeitnehmerrechten und einem gesicherten Einkommen.
- Ihr Arbeitgeber finanziert Ihnen Weiterbildungskurse zu bestimmten Themen wie Coachingfähigkeiten oder Psychometrie, die als reguläre Arbeitszeit gelten.

- Da diese Aufgaben wahrscheinlich nur einen Teil Ihrer Gesamttätigkeit ausmachen, können Sie auch in anderen Bereichen Gebrauch von Ihren Fähigkeiten, Erfahrungen und Netzwerken machen und diese erweitern.
- Was Sie hier lernen und erleben, die Kontakte, die Sie knüpfen, und der Ruf, den Sie hier erwerben, können ein gutes Sprungbrett in die Selbstständigkeit sein.
- Sie durchschauen die Organisation und wissen, was Sie in Bezug auf Stellenwechsel, Weiterentwicklung und Umstrukturierung erwartet.
- Sie können auf ein internes Netzwerk zugreifen, das für Quereinsteiger nützlich sein kann.
- Sie haben die Möglichkeit, Ihr Netzwerk zu erweitern und sich einen guten Ruf zu machen und so auch etwas für sich selbst zu tun.
- Sie kennen die Menschen, die Sie coachen, und können schneller Vertrauen aufbauen und Fortschritte machen.

Nachteile und Probleme

- Sie haben mehr Druck, weil auch andere Aufgaben im Rahmen Ihrer Tätigkeit bewältigt sein wollen.
- Nach dem Motto „Vertrautheit gebiert Verachtung“ hat man womöglich weniger Einfluss, während externe „Experten“ – Organisationen wie Coachs – wertgeschätzt werden und mehr Gehör finden.
- Sie werden zum Sündenbock gemacht oder als „Müllablade“ für Menschen benutzt, mit denen niemand zu tun haben will.
- Ihr Status und Ihre Position in der Organisation hemmen Sie und Ihre Coachees, vor allem in strengen Hierarchien, und noch stärker, wenn Sie an der Spitze stehen. Coachees fällt es dann schwerer, ihre wahren Gefühle zu zeigen und über ihre Intentionen zu sprechen.
- Wenn Ihre Tätigkeit mit einer Umstrukturierungsmaßnahme zu tun hat, kann es passieren, dass Sie stigmatisiert werden. So traurig, wie es ist – obwohl jeder weiß, dass Einzelne keine Schuld trifft, entsteht beim Abbau von Arbeitsplätzen leicht Misstrauen.
- Bei Umstrukturierungsmaßnahmen sind manche Ziele unrealistisch, besonders wenn Manager etwas dagegen haben, dass freie Stellen mit Angestellten besetzt werden, die aus anderen Bereichen versetzt wurden.
- Angestellte, deren Arbeitsplatz gefährdet ist, bemühen sich eher widerwillig um einen neuen Posten oder sind aufgrund ihrer Einstellung oder ihrer Fähigkeiten ungeeignet.

Was tun Sie, um als interner Übergangscoach erfolgreich zu sein?

- Setzen Sie Prioritäten, damit Sie diese Aufgabe mit Ihren anderen Tätigkeiten vereinbaren können, und besprechen Sie sich gegebenenfalls mit Ihren Vorgesetzten.
- Setzen Sie realistische Ziele (s.o.) und bestimmen Sie die Erfolgskriterien unabhängig von den Firmenzielen selbst.
- Vergewissern Sie sich, dass Sie die notwendigen Fähigkeiten besitzen und entsprechend ausgebildet sind.
- Bauen Sie ein Netzwerk auf und nutzen Sie es.
- Gehen Sie zur Supervision und zum Co-Coaching.
- Seien Sie falls nötig auch streng, vor allem mit Angestellten, die von einer Umstrukturierung betroffen sind und nicht ganz freiwillig auf Arbeitsplatzsuche sind.
- Überprüfen Sie noch einmal, ob Sie, wenn Sie in einer hierarchischen Beziehung zu den Coachees stehen, wirklich die richtige Person sind.
- Coachen Sie wenn möglich auch zu anderen Themen, damit Sie vielseitige Erfahrungen sammeln und sich einen Namen machen können. Viele Organisationen bauen ein eigenes Coaching-Netzwerk auf.

8.3.4 Bildungs- oder andere öffentliche Einrichtungen

Der Bereich Berufsberatung, Auskunft, Coaching und Lebenshilfe ist derzeit in einem starken Wandel begriffen, wie man allein an der Vielfalt der Bezeichnungen sehen kann. Der Anstoß für den Wandel kam aus diversen Richtungen, aber eines ist klar: Alles, was ich hier sage, wird wahrscheinlich sehr schnell veraltet sein. Daher werde ich Ihnen Möglichkeiten nennen, wie Sie sich selbst informieren können – so, wie auch Sie mit Ihren Coachees verfahren!

Gute Anlaufstellen in Deutschland sind die Berufsinformationszentren (BiZ) der Bundesagentur für Arbeit. Mit dem Thema Weiterbildung beschäftigen sich Behörden, wie z.B. das Bundesinstitut für Berufsbildung (BIBB), das Wirtschaftsförderungsinstitut (WIFI), das Deutsche Institut für Erwachsenenbildung (DIE) oder die staatliche Zentralstelle für Fernunterricht (ZFU). Wie gesagt, wird es in diesem Bereich immer wichtiger, eine qualifizierte und zertifizierte Ausbildung zu absolvieren, wenn man den Anforderungen der Qualitätssicherung entsprechen und das Vertrauen der Kunden gewinnen möchte.

Ich möchte hier nur anmerken, dass die Berufsberatung immer schon überwiegend von Frauen ausgeübt wird, leider einen niedrigeren Status hat und schlechter bezahlt ist als beispielsweise das Coaching von Führungskräften, wo mehr Männer involviert sind. Vielleicht wird die zunehmende Professionalisierung einen Wandel in der Wahrnehmung herbeiführen und dann auch die Realität verändern.

Welche Ausbildung und Qualifikationen brauchen Sie?

Im Zuge der anhaltenden Debatte um Qualifikationen und Regelungen für Coaching allgemein geht es auch um die notwendigen Voraussetzungen für Berufscoaching. Wie Sie oben sehen konnten, ist der Druck auf dem öffentlichen Sektor groß. Man kann sich vorstellen, dass über kurz oder lang das Verlangen nach ausgewiesener Professionalität steigt und die Qualifizierung bald Pflicht wird, besonders im Umgang mit Benachteiligten, beispielsweise mit jungen Arbeitslosen, die weder zur Schule gehen oder studieren noch eine Ausbildung machen. Als Reaktion auf die Wirtschaftslage gibt es mittlerweile schon zahlreiche Anbieter von Outplacement- und Berufsberatungen, sowohl auf dem öffentlichen als auch auf dem privaten Sektor, von der Größe eines globalen Unternehmens wie *Penna* bis hin zu Online-One-Man-Shows zur Erstellung von Lebensläufen.

Gerry O'Neill ist derzeit Leiter der vom Oxford, Cambridge und RSA Examinations Board anerkannten Prüfung für Berufsberatung und Weiterbildung bei *Penna*. Wie viele andere im Bereich Outplacement Tätige vertritt auch er die Ansicht, dass eine 12–18 Monate dauernde kompetenzbasierte Ausbildung der Mindeststandard ist, natürlich einiges an Zeit und Geld kostet, aber sehr bereichernd ist, wie erfahrene Coachs berichten. Zur Debatte steht auch die Frage, ob Coachs schon während ihrer Ausbildungszeit praktizieren sollten. Andererseits – wie sollten sie sonst ihre Kompetenz unter Beweis stellen?

8.4 Wie entscheiden Sie, in welche Richtung Sie gehen?

Wie Sie gesehen haben, gibt es für jedes Geschäftsmodell Gründe, die dafür oder dagegen sprechen, und langfristig viele Weiterentwicklungsmöglichkeiten. Kalkulieren Sie bei der Entscheidung, welche Richtung Sie einschlagen wollen, Ihren beruflichen Werdegang mit ein: den aktuellen Stand Ihrer Erfahrung sowohl im Coaching als auch im Zusammenhang mit beruflichen Veränderungen und anderen Punkten des Businessplans. Denken Sie auch über Ihre Präferenzen und Ihre Persönlichkeit nach: Brauchen Sie eher Struktur und Fokus? Oder experimentieren Sie gern und sehen, welchen Verlauf die Dinge nehmen? Oder würden Sie lieber im Marketing oder im Verkauf arbeiten?

Wichtig ist, dass Sie selbst durch den gleichen Prozess gehen, den Sie gemeinsam mit Ihren Coachees durchlaufen! Denken Sie immer daran: netzwerken, netzwerken, netzwerken – sprechen Sie vor allem mit Coachs, die mit beruflichen Veränderungen zu tun haben, und bringen Sie in Erfahrung, was ihnen gelungen ist und was nicht. Finden Sie so schnell wie möglich heraus, was funktioniert, und gehen Sie keine Umwege.

Sie könnten neben dem Coaching auch noch Tätigkeiten ganz anderer Art ausüben, etwa in Form von mehreren Standbeinen wie in dem Beispiel von Andy Britnel oder als Übergang vom Angestelltendasein in die Vollzeitselbstständigkeit.

Eine erfolgreiche Übergangscoachin hat viele Werkzeuge in der Tasche und fügt immer neue hinzu, nicht nur fürs Coaching, sondern auch für andere Bereiche. Und sie holt sich Feedback, etwa von einem Co-Coach.

Da es sich um eine spezielle Form von Coaching handelt, die sich von anderen unterscheidet, brauchen Sie auch Fachkenntnisse. Vor allem müssen Sie wissen, welche Informationsquellen zuverlässig sind. In Zukunft werden Sie wahrscheinlich auch besondere Qualifikationen benötigen, erst recht, wenn Sie mit besonders schutzbedürftigen Menschen, für eine renommierte Outplacement-Agentur oder in einer öffentlichen Einrichtung arbeiten.

Zusammenfassung

- Übergangscoachs für berufliche Veränderungen können aus einer Fülle von Geschäftsmodellen auswählen, sich für eine von vielen Formen der Selbstständigkeit oder Anstellung auf dem privaten oder öffentlichen Sektor entscheiden oder aber auch für eine Kombination aus verschiedenen Möglichkeiten.
- Spezifische Qualifikationen für Berufscoaching werden immer wichtiger, besonders auf dem öffentlichen Sektor.

9. Zu guter Letzt

Egal, worauf Sie sich spezialisiert haben – für jedes Coaching gelten gewisse ethische und vertragliche Grundsätze und dass Berufsverbände, Ausbildung, Zertifizierung, Weiterbildung und Supervision wichtig sind.

Dieses Kapitel ist eine Zusammenfassung allgemeiner Grundsätze im Kontext von Übergangscoaching im Berufsleben, über die Sie auf jeden Fall nachdenken müssen.

9.1 Ethik und Verhaltensregeln im Coaching

Ein heutzutage heiß diskutiertes Thema: Alle Coachingverbände äußern sich dazu und erwarten von ihren Mitgliedern, dass sie sich an die gesetzten Maßstäbe halten. Diese kann man auf den jeweiligen Verbandswebseiten nachlesen oder auch eingehender studieren, etwa über die Telekurse der International Coaching Federation (ICF). Meistens reicht es, den vorgegebenen Verhaltenscode zu übernehmen und sich im Coachingvertrag einfach darauf zu beziehen. Sie brauchen also keinen eigenen Code zu entwickeln, es sei denn, Sie haben bei bestimmten Klienten das Gefühl, dass Sie noch etwas hinzufügen möchten, zum Beispiel in Bezug auf die Vertraulichkeit, wann und in welchem Umfang sie gilt.

Das Thema Vertraulichkeit kann z.B. heikel sein, wenn Sie in einer Organisation coachen und nicht nur mit den Coachees, sondern auch mit deren Vorgesetzten und der Personalabteilung zu tun haben. Und wenn an einer Stelle überflüssig gewordene Mitarbeiter so schnell wie möglich woanders in der Firma untergebracht werden sollen, spitzt sich die Situation noch weiter zu.

Doch auch mit Richtlinien und Umsetzungsregeln gibt es immer Spielraum für Diskussionen, was als ethisch und was als unethisch gilt. 2010 führte die Zeitschrift *Coaching at Work* eine Umfrage durch (Hall, 2010b), um herauszufinden, welche Verhaltensweisen bei Lesern und Coachingverbänden als regelwidrig, inkompetent oder unethisch gelten und wie oft solche Fälle festgestellt wurden. Der Grad der Überstimmung war nicht bei allen Punkten gleich hoch. So hielten 91 Prozent die „Verletzung des

Verschwiegenheitsgebots“ für unethisch und 74 Prozent eine „fehlende Vertragsvereinbarung“ für regelwidrig.

Man sollte sich über den aktuellen Meinungsstand zum Thema ethisches Verhalten immer auf dem Laufenden halten und diesbezügliche Fragen in der Supervision besprechen.

9.2 Die Vertragsvereinbarung

Die größten Fallstricke für Übergangscoachs liegen wahrscheinlich im Umgang mit Erwartungen und in der Frage nach der Zielgruppe.

Wie vergewissern Sie sich, dass Ihre Coachees realistische Erwartungen haben, was sie innerhalb der relativ kurzen Coachingdauer erreichen können? Karen Williams beispielsweise sorgt dafür, dass ihre Coachees am Ende der Coachingbeziehung besser für die Stellensuche ausgerüstet sind, sie garantiert ihnen jedoch nicht, dass sie während des Coachings eine Stelle finden. Für Deni Lyall und Gerry ist bei der Vertragsvereinbarung wichtig, dass die Coachees herausfinden und realistisch einschätzen, was sie wollen, und sich genau im Klaren darüber sind, was ihr Coach dazu beiträgt und was von ihnen selbst gefordert ist.

Das Dilemma des „Vertragsdreiecks“ und die Frage, wie man damit umgeht, wurden bereits aus der Sicht von Gerry O'Neill erklärt – wie man die Beziehung, die Erwartungen und die Vertraulichkeit zwischen der Coachin, dem Coachee und dem Klienten behandelt, vor allem bei betriebsbedingten Entlassungen und dem dringenden Bedürfnis (auf wessen Seite?) nach einer neuen Stelle.

9.3 Berufsverbände

Noch eine schwierige Entscheidung! Sollen Sie einem Verband beitreten? Und wenn ja, welchem? In Bezug auf den beruflichen Wert und die Glaubwürdigkeit sind die Unterschiede eher gering, und somit kommt es auf Ihre Präferenzen an – wie die Organisation zu Ihrem Stil passt, welche Informationen Sie dort bekommen, ob angebotene Weiterbildungen Ihnen entsprechen, ob Sie eine regionale, überregionale oder internationale Ausrichtung bevorzugen und so weiter. Die Analyse, die *Coaching at Work*

Januar / Februar 2010 veröffentlichte, könnte aufschlussreich sein (Hall, 2010a). Denken Sie jedoch daran, dass Verbände sich stets verändern und neu erfinden, so wie sich ja auch die Branche immer weiterentwickelt. Recherchieren Sie selbst – über Ihr Netzwerk (physisch und virtuell), über Websites der Verbände oder indem Sie probeweise deren Veranstaltungen besuchen.

9.4 Ausbildung und Qualifikationen

Jede Ausbildung bei einer renommierten Coachingorganisation wird Sie mit Fähigkeiten, Techniken, Methoden und mehr ausstatten.

Viele allgemeine Kurse berücksichtigen auch Inhalte für Übergangscoaching im beruflichen Kontext. Immer mehr Klienten und Coachingfirmen legen Wert auf Zertifikate, das gilt besonders für den öffentlichen Sektor. Als Coach auf dem Gebiet der beruflichen Weiterentwicklung brauchen Sie nicht nur Coachingfähigkeiten, sondern auch fachspezifische Kenntnisse für Ihr Klientel. Sie müssen gewünschte Informationen weitergeben oder angeben können, wo bestimmte Informationen zu finden sind.

Es gibt Diskussionen darüber, ob nicht eine speziell auf berufliche Übergänge ausgerichtete Coachingausbildung sinnvoll wäre. Bisher ist dies noch nicht Pflicht, es gibt aber immer mehr Angebote. Nutzen Sie Ihr Netzwerk, falls Sie eine Ausbildung suchen, die glaubwürdig ist und Ihnen vom Level und Format her entspricht. Eine weitere Möglichkeit ist z. B. die Website der *International Coach Federation*, die Informationen über akkreditierte Ausbildungen gibt. Doch bevor Sie eine definitive Wahl treffen und Unsummen von Geld ausgeben: Augen auf beim Ausbildungskauf! Erkundigen Sie sich vorher bei Menschen, denen Sie vertrauen!

Sinnvoll ist auch die ständige Erweiterung des Repertoires an Coachingmethoden und -praktiken. So kann man sich beispielsweise von NLP inspirieren lassen (wie ich) oder zusätzlich nach dem kognitiv-behavioralen Coaching verfahren.

Ich glaube ja, dass Klienten am meisten davon profitieren, wenn man in der Arbeit mit ihnen den eigenen Präferenzen folgt und Methoden anwendet, die authentisch und stimmig für einen selbst sind. Es macht gar nichts, wenn Sie mehrere Schulen heranziehen, im Gegenteil: Je mehr Sie gut kennen, desto besser werden Sie ein größeres Spektrum an Klienten mit unterschiedlichsten Denkstilen und Erfahrungshintergründen coachen können.

9.5 Akkreditierung und Zertifizierung

Eine Ausbildung allein reicht nicht – Sie werden Ihre Glaubwürdigkeit und Kompetenz auch auf andere Arten und Weisen demonstrieren müssen. Daher legt die mittlerweile schon recht etablierte Coaching-Branche zunehmend Wert auf Zertifikate. Über das Angebot können Sie sich, wie gesagt, bei den verschiedenen Berufsverbänden erkundigen, um herauszufinden, was am besten zu Ihrem Hintergrund und Lernstil und zu den Bedürfnissen Ihrer Klienten passt.

9.6 Weiterbildung

Hier stehen Ihnen zahlreiche reizvolle Wege offen – und das ist eines der Dinge, die ich so sehr am Coaching mag: Man kann so viel dabei lernen und ich lerne leidenschaftlich gern! Ihre kontinuierliche Weiterbildung sollte sich mit verschiedenen Facetten Ihres Lebens und Berufs befassen. Hierzu einige der vielen Möglichkeiten:

- *Berufsverbände* bieten ein breites Angebot an Trainings, sowohl online als auch vor Ort und in Regionalgruppen.
- *Co-Coaching:* unabhängig oder unter der Schirmherrschaft von Berufsverbänden
- *Vorträge:* von Berufsverbänden oder Bildungseinrichtungen organisiert oder auch freie Vorträge
- *Fachzeitschriften:* Coaching – Theorie & Praxis (CTP), das Coaching-Magazin, Organisation Supervision Coaching (OSC), Praxis Kommunikation, managerSeminare, Coaching heute. An englischsprachigen Zeitschriften sind zu nennen: Coaching at Work, Choice, Coaching: An International Journal of Theory, Research und Practice.
- *Spezialisierung:* Hier gibt es Angebote von Hochschulen, spezialisierten Coachingausbildern (wie z. B. John Lees) und auf bestimmte Techniken (z. B. Clean Language oder Gestalt) spezialisierten Organisationen, die auch darin ausbilden. Vorsicht auch hier: Das sind in der Regel Angebote für erfahrene Coachs, zur Erweiterung ihres Repertoires; sie vermitteln keine Grundkenntnisse!

- *Supervision:* essenziell, damit Sie ethisch sauber bleiben – und psychisch gesund! Sie können wählen zwischen: 1:1, Gruppe, vor Ort, online, was immer für Sie am praktischsten ist und am besten zu Ihrem Stil passt. Bedenken Sie dabei aber auch, dass immer mehr Organisationen von ihren Coachs erwarten, dass sie sich von akkreditierten Supervisoren supervidieren lassen.

Zusammenfassung

- Generelle Coachingstandards gelten auch für Berufscoaching in Übergangsphasen, genauso wie bei allen anderen speziellen Coachingarten.
- Im Bereich des Übergangs- und Berufscoachings werden zunehmend Kompetenznachweise über die Ausbildung verlangt.
- Nutzen Sie Ihr Netzwerk, um sich auf dem Laufenden zu halten und die besten Optionen für Ihre Unterstützung in Bezug auf allgemeine und spezielle Anforderungen zu finden.

Das war's!

Ich habe überlegt, wie ich dieses Buch am besten schließen könnte, und dann kam mir der Gedanke, dass die Geschichte meines Berufswechsels, die überhaupt Anlass für das Buch war, am besten passen würde. Ja, Sie haben richtig geraten: Es hatte mit NLP zu tun. Das ist nun schon einige Jahre her und hat sich ganz allmählich herauskristallisiert. Ich war unzufrieden mit meinem Angestelltendasein in einem Konzern und machte die NLP-Business-Practitioner-Ausbildung bei Sue Knight. Deren Geschichte inspirierte mich, besonders die Art, wie sie Dinge austestete, bis sie wusste, was sie wollte. Als sie beispielsweise umziehen wollte, verbrachte sie erst einige Zeit an dem angedachten Ort, um das „mal auszuprobieren". Das passte auch zu mir, da war ich mir sicher. So wählte ich in meinem Abschlussvortrag den Song „No Worries" von Simon Webbe als „Erkennungsmelodie" für meinen Berufswechsel – denn dass sich mein Leben verändern würde, das wusste ich, ich wusste nur noch nicht, wann oder wie. Im darauffolgenden Jahr passierte es dann. Nachdem ich mir die „Jacke" angezogen hatte, um herauszufinden, ob ich hineinpasste, und eine Weile damit herumexperimentiert hatte, griff ich schließlich nach dem finanziellen Kissen, dem letzten Teil des Puzzles.

Ob Sie das Buch von vorn bis hinten durchgelesen oder in einzelne, für Sie interessante Kapitel und Tools hineingeschnuppert haben – ich vertraue darauf, dass Sie einige Perlen für sich finden konnten, die Ihnen auf Ihrer beruflichen Entdeckungsreise dienlich sein werden, damit Sie anderen Menschen zu einem sinnvollen und erfolgreichen Leben verhelfen.

Teilen Sie Ihre Lernerfahrungen, Erkenntnisse, Erfolge und Fragen mit unserer anregenden Community von Coachs und Quereinsteigern auf
↗ http://www.facebook.com/CarolineTalbottLtd und
↗ https://twitter.com/carocatalyst.

Literatur

ASSOCIATION FOR COACHING (2012): Coaching defined. ↗ http://www.associationforcoaching.com//pages/about/coaching-defined (aufgerufen am 13.7.2012).

BANDLER, R. & GRINDER, J. (2011): *Metasprache und Psychotherapie: Die Struktur der Magie.* Paderborn: Junfermann.

BATESON, G. (1985): *Ökologie des Geistes: Anthropologische, psychologische, biologische und epistemologische Perspektiven.* Frankfurt a.M.: Suhrkamp.

BECKHARD, R. (1969): *Organisation development: Strategies and models.* Reading, MA: Addison-Wesley Publishing Company.

BERNE, E. (1967): *Spiele der Erwachsenen.* Reinbek bei Hamburg: Rowohlt.

BLUNT, J. (2011): Successful career coaching. *The Bulletin of the Association for Coaching,* 6, S. 23–25.

BOHM, D. (1994): *Thought as a system.* London: Routledge.

BOUDREAU, J. W., BOSWELL, W. R. & JUDGE, T. A. (2001): Effects of personality on executive career success in the United States and Europe. *Journal of Vocational Behavior,* 58(1), S. 53–81.

BRIDGES, W. (2004): *Transitions: Making sense of lifes changes.* Cambridge, MA: De Capo Press.

BRIDGES, W. (2009): *Managing transitions: Making the most of change.* London: Nicholas Brealey Publishing.

BRINKLEY, I. (2006): Defining the knowledge economy: Knowledge economy programme report. *The Work Foundation.* ↗ http://www.theworkfoundation.com/Reports/65/Defining-the-knowledge-economy-knowledge-economyprogramme-report (aufgerufen am 13.7.2012).

BRINKLEY, I. (2008): The knowledge economy: How knowledge is reshaping the economic life of nations. *The Work Foundation.* ↗ http://www.theworkfoundation.com/Reports/41/The-Knowledge-Economy-How-Knowledge-is-Reshaping-the-Economic-Life-of-Nations (aufgerufen am 13.7.2012).

BUCKINGHAM, M. & CLIFTON, D. O. (2011): *Entdecken Sie Ihre Stärken jetzt! Das Gallup-Prinzip für individuelle Entwicklung und erfolgreiche Führung.* Frankfurt a. M.: Campus.

CANTORE, S. (2011): Coaching senior executives on career transitions. Vortrag im Rahmen der Careers Coaching Conference der University of East London: Using coaching for careers decisions and transitions am 17.5.

CARLESS, D. & DOUGLAS, K. (2009): "We havent got a seat on the bus for you" or "all the seats are mine": Narratives and career transition in professional golf. *Qualitative Research in Sport and Exercise,* 1(1), S. 51–66.

CASEY, P. (2004): *Is self-employment for you? Anyone can start a business ... only a few can sustain a business.* Bothell, WA: Hara Publishing Group.

CBI (2007): *Employability and work experience: A quick guide for employers and students.* ↗ http://www.aces.shu.ac.uk/employability/resources/timewellspent-brief.pdf (aufgerufen am 30.1.2013).

Charan, R.; Drotter, S. & Noel, J. (2011): *The leadership pipeline: How to build the leadership powered company.* West Sussex: Jossey-Bass Inc.

CIPD (2010a): *Learning and talent development survey.* ↗ http://www.cipd.co.uk/binaries/5215_Learning_talent_development_survey_report.pdf (aufgerufen am 30.1.2013).

CIPD (2010b): *Real-world coaching evaluation: A guide for practitioners.* ↗ http://www.cipd.co.uk/hr-resources/guides/real-world-coaching-evaluation.aspx (aufgerufen am 30.1.2013).

CIPD (2011): *Learning and talent development annual survey.* ↗ http://www.cipd.co.uk/hr-resources/survey-reports/learning-talentdevelopment-2011.aspx (aufgerufen am 30.1.2013).

CIPD (2012): *Employee Outlook,* 3. ↗ http://www.cipd.co.uk/hr-resources/survey-reports/employeeoutlook- autumn-2012.aspx (aufgerufen am 26.3.2013).

CIPD & YouGov (2010): *Shared purpose: The golden thread?* ↗ http://www.cipd.co.uk/hr-resources/survey-reports/shared-purpose-golden-thread.aspx (aufgerufen am 30.1.2013).

Clance, P. R. & Imes, S. A. (1978): The imposter phenomenon among high achieving women: Dynamics and therapeutic intervention. *Psychotherapy Theory, Research and Practice,* 15(3), S. 241–247.

Clinton, M.; Totterdell, P. & Wood, S. (2006): A grounded theory of portfolio working: Experiencing the smallest of small businesses. *International Small Business Journal,* 24(2), S. 179–203.

Collins, J. (2011): *Der Weg zu den Besten: Die sieben Management-Prinzipien für dauerhaften Unternehmenserfolg.* Frankfurt a. M.: Campus.

Collins, J. C. & Porras, J. I. (2005): *Immer erfolgreich: Die Strategien der Top-Unternehmen.* München: dtv.

Costa, P. & McCrae, R. (1985): *The NEO Personality Inventory (NEO-PI-R). and the NEO Five-Factor Inventory (NEO-FFI). professional manual.* Odessa, FL: Psychological Assessment Resources.

Covey, S. (1992): *Die sieben Wege zur Effektivität. Ein Konzept zur Meisterung Ihres beruflichen und privaten Lebens.* Frankfurt a.M.: Campus.

Curwen, B.; Palmer, S. & Ruddell, P. (2000): *Brief Cognitive Behavioural Therapy* (Brief Therapies Series). London: SAGE Publications Ltd.

Department for Education (2011): *NEET Statistics: Quarterly Brief,* November.

Digman, J. (1990): Personality structure: Emergence of the five factor model. *Annual Review of Psychology,* 41, S. 417–440.

Dilts, R. (1996): *Die Veränderung von Glaubenssystemen: NLP-Glaubensarbeit.* Paderborn: Junfermann.

Dilts, R. & DeLozier, J. (2000): *Encyclopedia of systemic NLP and NLP new coding.* California: NLP University Press. http://nlpuniversitypress.com (aufgerufen am 13.7.2012).

Dilts, R.; Grinder, J.; Bandler, R. & DeLozier, J. (2003): *Strukturen subjektiver Erfahrung: Ihre Erforschung und Veränderung durch NLP.* Paderborn: Junfermann.

DOTLICH, D. L.; NOEL, J. L. & WALKER, N. (2004): *Leadership passages: The personal and professional transitions that make or break a leader.* West Sussex: Jossey-Bass Inc.

DRUCKER, P. (1992): *Managing for the future.* New York: Harper- Collins.

DRYDEN, W. & NEENAN, M. (2004): *The rational emotive behavioural approach to therapeutic change* (Sage Therapeutic Change Series). London: Sage Publications Ltd.

DUNBAR, A. (2015): *Life Coaching.* Paderborn: Junfermann.

ERICKSON, M. & ROSSI, E. (2006): *Hypnotherapie: Aufbau, Beispiele, Forschungen.* Stuttgart: Klett-Cotta.

FENNELL, M. (2005): *Anleitung zur Selbstachtung: lernen, sich selbst der beste Freund zu sein.* Bern: Huber.

FISHER, J. M. (2012): Fishers process of personal change. Überarbeitete Fassung. ↗ http://www.businessballs.com/personalchangeprocess.htm (aufgerufen am 13.7.2012).

FLEISHER, C. & BENSOUSSAN, B. (2002): *Strategic and competitive analysis: Methods and techniques for analyzing business competition.* Upper Saddle River, NJ: Prentice Hall.

FRANCIS, D. (1994): *Managing your own career.* London: Harper-Collins.

FURNHAM, A. (2011): The dark side of leadership: The role of the coach. Vortrag auf der Association for Coaching Leadership Conference, University of East London, London.

GABRIEL, Y.; GRAY, D. E. & GOREGAOKAR, H. (2010): Temporary derailment or the end of the line? Managers coping with unemployment at 50. *Organization Studies,* 31(12), S. 1687–1712.

GATTIKER, U. E. & LARWOOD, L. (1988): Predictors for managers career mobility, success, and satisfaction. *Human Relations,* 41, S. 568–591.

GATTIKER, U. E. & LARWOOD, L. (1989): Career success, mobility, and extrinsic satisfaction of corporate managers. *Social Science Journal,* 25, S. 75–92.

GIANG, V. (2012): Seth Godin: If you‘re an average worker, you‘re going straight to the bottom. *Business Insider.* ↗ http://www.businessinsider.com/if-youre-an-average-worker-in-this-forever-recession-youre-going-straight-to-the-bottom-2012-1 (aufgerufen im Januar 2012).

GILLIGAN, S. G. (2014): *Generative Trance. Die Erfahrung kreativen Flows.* Paderborn: Junfermann.

GILLIGAN, S. & DILTS, R. (2013): *Die Heldenreise: Eine Reise der Selbstentdeckung.* Paderborn: Junfermann.

GODDARD, T. (2011): Promotion: Tips for getting your next career move. Tony Goddard Consulting. ↗ http://www.tonygoddardconsulting.com/career-coaching/promotion—tips-for-getting-your-next-career-move (aufgerufen am 13.7.2012).

GOLD, M. & FRASER, J. (2002): Managing self-management: Successful transitions to portfolio careers. Work, *Employment and Society,* 16(4), S. 579–597.

GOLDMAN, A. (2006): Personality disorders in leaders: Implications of the DSM IV-TR in assessing dysfunctional organizations. *Journal of Managerial Psychology,* 21(5), S. 392–414.

Goldsmith, M. & Reiter, M. (2008): *What got you here won't get you there: How successful people become even more successful.* London: Profile Books Ltd.

Goleman, D. (1996): *Emotional intelligence: Why it can matter more than IQ.* London: Bloomsbury.

Goleman, D. (1997): *Emotionale Intelligenz.* München: dtv.

Goleman, D. (1998): *Working with emotional intelligence.* New York: Bantam Books.

Gratton, L. (2012): *Job Future – Future Jobs: Wie wir von der neuen Arbeitswelt profitieren.* München: Hanser.

Grove, D. & Wilson, C. (2005): Emergent Knowledge ΣK™ and Clean Coaching: New theories of David Grove. *The Model: The magazine of the British Board of NLP,* 2. ↗ http://www.cleancoaching.com/#/clean-coaching-freearticles/4514711939> (aufgerufen am 30.1.2013).

Grove, D. J. & Panzer, B. I. (2000): *Das Trauma heilen. Metaphern und Symbole in der Psychotherapie.* Freiburg i.Br.: Verlag für angewandte Kinesiologie.

Groysberg, B.; Kelly, K. & MacDonald, B. (2011): The new path to the C-Suite. *Harvard Business Review,* 89(3), S. 60-68.

De Haan, E. & Niess, C. (2011): Altered images. Coaching at Work, 6(4), S. 34.

Hall, L. (2010a): Body talk. *Coaching at Work,* 5(1), S. 34–39.

Hall, L. (2010b): Poor practice 2010 survey. *Coaching at Work,* 5(4), S. 14–18.

Hamel, G. (2013): *Worauf es jetzt ankommt: Erfolgreich in Zeiten kompromisslosen Wandels, brutalen Wettbewerbs und unaufhaltsamer Innovation.* Weinheim: Wiley-VCH.

Hamel, G. & Breen, B. (2008): *Das Ende des Managements: Unternehmensführung im 21. Jahrhundert.* München: Econ.

Hanh, T. N. (2006): *Das Wunder der Achtsamkeit.* Berlin: Theseus Verlag.

Harland, P. (2012): *The power of six: A six-part guide to selfknowledge.* London: Wayfinder Press.

Harris, T. A. (1975): *Ich bin o.k., du bist o.k.* Reinbek bei Hamburg: Rowohlt.

Harrison, A. (2011): Young jobless "Neets" reach record levels. *BBC News,* 24. November. ↗ http://www.bbc.co.uk/news/education-15870240 (aufgerufen am 4.2.2013).

Hawkins, P. (2011a): *Leadership team coaching: Developing collective transformational leadership.* London: Kogan Page.

Hawkins, P. (2011b): Expanding emotional, ethical and cognitive capacity in supervision. In: J. Passmore (Hrsg.): *Supervision in Coaching.* London: Kogan Page.

Hawkins, P. (2012): *Creating a coaching culture (Coaching in Practice series).* Maidenhead: Open University Press.

Hawkins, P. & Smith, N. (2006): *Coaching, mentoring and organizational consultancy.* Maidenhead: Open University Press.

Howker, E. & Malik, S. (2010): *Jilted generation: How Britain has bankrupted its youth.* Oxford: Icon Books Ltd.

Ibarra, H. (2003): *Working identity: Unconventional strategies for reinventing your career.* Boston, MA: Harvard Business School Press.

Ibarra, H. & Lineback, K. (2005): Whats your story? *Harvard Business Review,* January. ↗ http://www.hbr.org/2005/01/whats-your-story/ar/1 (aufgerufen am 30.1.2013).

Institute of Leadership and Management/Ashridge Business School (2011): Great Expectations: Managing Generation Y, joint study. *People Management:* 64.

International Coach Federation (ICF) (2010): *Global Consumer Awareness Study.* ↗ http://www.coachfederation.org/ (aufgerufen am 13.7.2012).

Janz, T. (1977): The behavior-based patterned interview: An effective alternative to the warm smile selection interview. *Proceedings of the Annual Conference of Canadian Managerial Association.*

Janz, T. (1982): Initial comparisons of patterned behavior description interview versus unstructured interviews. *Journal of Applied Psychology,* 67, S. S. 577–580.

Janz, T. (1989): The patterned behavior description interview: The best prophet of the future is the past. In: R. W. Eder & G. R. Ferris (Hrsg.): *The employment interview: Theory, research and practice.* Beverly Hills, CA: Sage, S. 158–168.

Jeffers, S. (2014): *Selbstvertrauen gewinnen. Die Angst vor der Angst verlieren.* München: Kösel.

Jinks, D. (2011): Cognitive behavioural coaching for career transitions. Vortrag im Rahmen der University of East London conference on Careers Coaching: Using coaching for careers decisions and transitions, 17. Mai.

John, O. (1990): The "big five" factor taxonomy: Dimensions of personality in the natural language and in questionnaires. In: L. A. Pervin (Hrsg.): *Handbook of personality theory and research.* New York: Guilford, S. 66–100.

Johnson, M. (2005): *The independent consultants survival guide: Starting up and succeeding as a self-employed consultant.* London: Chartered Institute of Personnel and Development.

Johnson, R. W. (2009): Rising senior unemployment and the need to work at older ages. Urban Institute, Retirement policy program. ↗ http://www.urban.org/publications/411964.html (aufgerufen am 30.1. 2013).

Johnson, R. W. & Mommaerts, C. (2009): *Unemployment statistics on older Americans,* Washington, DC: The Urban Institute. ↗ http://www.urban.org/url.cfm?ID=411904 (aufgerufen am 13.7.2012).

Judge, T. A.; Higgins, C. A.; Thoresen, C. J. & Barrick, M. R. (1999): The Big Five personality traits, general mental ability, and career success across the life span. *Personnel Psychology,* 52, S. 621–652.

Kahn, L. B. (2009): The long-term labor market consequences of graduating from college in a bad economy. Vortragsskript. Yale School of Management. ↗ http://www.mba.yale.edu/faculty/pdf/kahn_longtermlabor.pdf (aufgerufen am 28.1.2013).

Kahneman, D. (2012): *Schnelles Denken, langsames Denken.* München: Siedler.

Karpman, S. B. (1968): Fairy tales and script drama analysis, *Transactional Analysis Bulletin,* 7(26), S. 39–43.

Kelly Services (2011a): Social networking changing the landscape for U.S. job seekers, Kelly Global Workforce Index™ Finds, 4 Mai. ↗ http://www.kellyservices.mwnewsroom.com/press-releases/social-networking-changing-thelandscape-for-u-s--nasdaq-kelya-0751413 (aufgerufen am 13.7.2012).

KELLY SERVICES (2011b): The evolving workforce: Drivers of career choice and career progression. ↗ http://www.easyir.com/easyir/kellyservices/W1110_KGWI_CareerProg_final.pdf (aufgerufen am 13.7.2012).

KHOO, H. S. & BURCH, G. ST J. (2008): The dark side of leadership personality and transformational leadership: An exploratory study, *Personality and Individual Differences,* 44(1), S. 86–97.

KLEIN, T. & URBAN, R. (2012): *Coach, your Marketing. Authentisches Marketing für Coaches.* Paderborn: Junfermann.

KLINE, N. (1999): *Time to think: Listening to ignite the mind,* West Sussex: Ward Lock.

KNIGHT, S. (1999): *NLP solutions: How to model what works in business to make it work for you (People skills for professionals).* London: Nicholas Brealey.

KNIGHT, S. (2009): *NLP at work: The difference that makes a difference.* London: Nicholas Brealey Publishing.

KOTTER, J. P. (1996): *Leading Change.* Boston, MA: Harvard Business School Press.

KÜBLER-ROSS, E. (2001): *Interviews mit Sterbenden.* München: Droemer-Knaur.

LAKOFF, G. & JOHNSON, M. (1998): *Leben in Metaphern: Konstruktion und Gebrauch von Sprachbildern.* Heidelberg: Carl-Auer-Verlag.

LATHAM, G. P., SAARI, L. M.; PURSELL, E. D. & CAMPION, M. A. (1980): The situational interview. *Journal of Applied Psychology,* 65, S. 422–427.

LAWLEY, J. & TOMPKINS, P. (2000): *Metaphors in mind.* London: Developing Company Press.

LEARY-JOYCE, J. (2010): Power of personal presence: Gestalt coaching. Teleclass for the International Coach Federation, 10. November.

LEES, J. (2006): *Take control of your career.* Maidenhead: McGraw-Hill Professional.

LEES, J. (2011): Whats my line? *Coaching at Work,* 6(3) (Mai/Juni), S. S. 48.

LEVIN-EPSTEIN, A. (2011): Job interviewing 101: 6 essential questions to ask every candidate. *CBSNews.com,* 5.12. ↗ http://www.cbsnews.com/8301-505125_162-57336762/job-interviewing-101-6-essentialquestions-to-ask-every-candidate/?tag=nl.e857 (aufgerufen am 13.7.2012).

LEVINSON, M. (2008): Why Gen Y is unprepared to survive the recession. *Networkworld,* 4. November. ↗ http://www.networkworld.com/news/2008/110408-why-gen-y-isunprepared.html (aufgerufen am 30.1.2013).

LEWIN, K. (1947): Frontiers in group dynamics: Concept, method and reality in Social Science; Social equilibria and social change. *Human Relations,* 1947(1), S. 5–41.

LIBET, B.; ELWOOD, W.; WRIGHT J. R.; FEINSTEIN, B. & PEARL, D. K. (1979): Subjective referral of the timing for a conscious sensory experience. *Brain,* 102(1), S. 193–224.

LINDENFIELD, G. (2000): *Super confidence: Simple steps to build selfassurance,* London: Harper Collins.

LOUNSBURY, J .W.; LOVELAND, J. M.; SUNDSTROM, E. D.; GIBSON, L. W.; DROST, A. W. & HAMRICK, F. L. (2003): An investigation of personality traits in relation to career satisfaction. *Journal of Career Assessment,* 11(3), S. 287–307.

LUFT, J. & INGHAM, H. (1955): The Johari window: A graphic model of interpersonal awareness, *Proceedings of the Western Training Laboratory in Group Development,* Los Angeles: UCLA.
MCCLELLAND, D. (1961): *The achieving society.* New York: The Free Press.
MCKAY, M.; FANNING, P. & HONEYCHURCH, C. (2000): *Selbstwert – die beste Investition Ihres Lebens.* Paderborn: Junfermann.
MCLEOD, A. (2008): *Performance coaching: The handbook for managers, HR professionals and coaches.* Carmarthen: Crown House Publishing Ltd.
MACLEOD, D. & CLARKE, N. (2009): Engaging for success: Enhancing performance through employee engagement. http://dera.ioe.ac.uk/1810/1/file52215.pdf (aufgerufen am 13.7.2012).
MCMAHON, G. (2006): Doors of perception. *Coaching at Work,* 1 August: ↗ http://www.coaching-at-work.com/2006/08/01/doors-of-perception (aufgerufen am 13.7.2012).
MCMAHON, G. & ARCHER, A. (2010): *101 coaching strategies and techniques* (Essential Coaching Skills and Knowledge). Abingdon, Oxon: Routledge.
MCMAHON, G.; PALMER, S. & WILDING, C. (2015): *Geschäftlich erfolgreich im Coaching.* Paderborn: Junfermann.
MARSTON, W. M. (2002 [1928]): *Emotions of normal people.* London: Routledge.
MAUL, M. (2012): *Vom Coach zum Unternehmer. Praxis-Leitfaden zur erfolgreichen Existenzgründung für Coaches und Berater.* Paderborn: Junfermann.
MAYS, T. & SLOANE, B. (2011): *Fifty and forgotten: How to find your next job when no one wants to hire you.* ↗ http://www.optimarketllc.com/pdf/Fifty_and_Forgotten.pdf (aufgerufen am 28.1.2013).
MINGHELLA, A. & COOPER, R. (1990): *Truly, Madly, Deeply.* Film. Samuel Goldwyn.
MINIWATTS MARKETING GROUP (2001–2012): *Internet World Stats.* ↗ http://www.internetworldstats/stats.htm (aufgerufen am 13.7.2012).
MITTERER, S. & BRICE, N. (2007): *Brand alchemy.* Dublin: Blackhall.
MUNNELL, A. H.; WEBB, A. & GOLUB-SASS, F. (2007): *Is there really a retirement savings crisis? An NRRI analysis.* Chestnut Hill, MA: Center for Retirement Research at Boston College.
MURPHY, N. (2009): Survey: Managing the survivor syndrome during and after redundancies. *IRS Employment Review:* 921.
NICHOLSON, N. A. (1984): Theory of work role transitions. *Administrative Science Quarterly,* 29(2), S. 172–191.
O'CONNOR, J. (2014): *NLP: Das Workbook.* Kirchzarten bei Freiburg: VAK-Verlag.
O'CONNOR, J. & LAGES, A. (2014): *Coaching-Erfolg mit NLP.* Kirchzarten bei Freiburg: VAK-Verlag.
O'CONNOR, J. & SEYMOUR, J. (2013): *Neurolinguistisches Programmieren: Gelungene Kommunikation und persönliche Entfaltung.* Kirchzarten bei Freiburg: VAK-Verlag.
OECD (2011a). Better Life Index. ↗ http://www.oecdbetterlifeindex.org/de (aufgerufen am 13.7.2012).
OECD (2011b): *Education at a glance 2011: Highlights,* OECD Publishing. ↗ http://www.dx.doi.org/10.1787/eag_highlights-2011-en (aufgerufen am 18.7.2012).

Ofcom (2012): *The communications market 2011.* ↗ http://www.stakeholders.ofcom.org.uk/market-dataresearch/market-data/communications-market-reports/cmr11/ (aufgerufen am 13.7.2012).

Office for National Statistics (ONS) (2010): *Measuring what matters.* ↗ http://www.statistics.gov.uk/CCI/article.asp?ID=2718 (aufgerufen am 13.7.2012).

Oglethorpe, A. (2012): What qualities do you need to start up on your own? *Taking the plunge* blog. ↗ http://www.businesszone.co.uk/blogs/antoinetteo/taking-plunge/what-qualities-do-you-need-start-your-own (aufgerufen am 4.2.2013).

Paese, M. & Wellins, R. S. (2007): *Leaders in transition: Stepping up, not off.* Survey report published by Development Dimensions International. ↗ http://www.ddiworld.com/DDIWorld/media/trend-research/leadershiptransitions_ang_rr_ddi.pdf (aufgerufen am 30.1.2013).

Palmer, S & Panchal, S. (Hrsg.): (2011). *Developmental coaching: Life transitions and generational perspectives.* Abingdon, Oxon: Routledge.

Passmore, J. (Hrsg.) (2011): *Supervision in coaching: Supervision, ethics and continuous professional development.* London: Kogan Page.

Penna & CIPD (2008): *Gen UP survey: How the four generations work.* Survey Report. ↗ http://www.cipd.co.uk/hr-resources/survey-reports/how-fourgenerations-work.aspx (aufgerufen am 30.1.2013).

Plimmer, G. & Schmidt, A. (2007): Possible selves and career transition: It's who you want to be, not what you want to do. *New Directions for Adult and Continuing Education,* 114, S. 61–74.

Priestley, D. (2010): *Become a key person of influence.* St Albans: Ecademy Press.

Prochaska, J. O.; Norcross, J. C. & Diclemente, C. C. (1997): *Jetzt fange ich neu an. Das revolutionäre Sechs-Schritte-Programm für ein dauerhaft suchtfreies Leben.* München: Droemer-Knaur.

Rath, T. (2014): *Entwickle deine Stärken mit dem StrengthsFinder 2.0.* München: Redline.

Rooke, D. & Torbert, W. R. (2005): Seven transformations of leadership. *Harvard Business Review.* ↗ http://www.hbr.org/2005/04/seven-transformations-of-leadership/ar/1 (aufgerufen am 26.3.2013).

Rosen, S. (1991): *My voice will go with you: The teaching tales of Milton H. Erickson,* London: W. W. Norton & Company.

Salgado, J. F. & Moscoso, S. (2002): Comprehensive meta-analysis of the construct validity of the employment interview. *European Journal of Work and Organizational Psychology,* 11, S. 299–324.

Schein, E. (1990): *Career anchors: Discovering your real values.* San Francisco: Jossey-Bass/Pfeiffer. ↗ http://www.careeranchorsonline.com/SCA/startPage.do (aufgerufen am 14.1. 2013).

Seibert, S. E. & Kramer, M. L. (2001): The five-factor model of personality and career success. *Journal of Vocational Behavior,* 58(1), S. 1–21.

Shepherd, J. (2011): Careers service and literacy hit by schools cuts and a dampener on aspirations: how pupils are paying the price of austerity. *The Guardian,* 27. Dezember, S. 1, 12–13.

SISSONS, P. (2011): The hourglass and the escalator: Labour market change and mobility. *The Work Foundation.* ↗ http://www.theworkfoundation.com/DownloadPublication/Report/292_hourglass_escalator120711%20%282%29%20%283%29.pdf (aufgerufen am 13.7.2012).

STARR, J. (2008): *The coaching manual: The definitive guide to the process, principles and skills of personal coaching.* Harlow: Pearson Education Ltd.

SULLIVAN, W. & REES, J. (2008): *Clean Language: Revealing metaphors and opening minds.* Carmarthen: Crown House Press.

TUC (2011): Report, *The Guardian Weekly,* 22.7., S. 17.

URBAN, R. & KLEIN, T. (2016): *Erfolg durch Positionierung. Im Traumberuf Coach auf dem Markt bestehen.* Paderborn: Junfermann.

WEIZER, S. & STONE, O. (1987): *Wall Street.* 20th Century Fox Home Entertainment.

WELLIN, M. (2007): *Managing the psychological contract: Using the personal deal to increase business performance.* Aldershot: Gower.

WHITMORE, J. (2011): *Coaching für die Praxis. Wesentliches für jede Führungskraft.* Staufen: Verlag Alles im Fluss.

WHITMORE, J. (2014): *Coaching for Performance. Potenziale erkennen und Ziele erreichen.* Paderborn: Junfermann.

WILLIAMS, K. (2011): *The secrets of successful coaches.* Leicester: Matador.

WILSON, C. (2007): *Best practice in performance coaching: A handbook for leaders, coaches, HR professionals and organizations.* London: Kogan Page.

THE WORLD BANK (2012): *Information and communications for development 2012: Maximizing mobile;* DOI: 10.1596/978-0- 8213-8991-1; ↗ http://www.worldbank.org/ict/IC4D2012 License: Creative Commons Attribution CC BY 3.0. (aufgerufen am 18.7.2012).

WRAY-LAKE, L. (2011): Exploring the changing meaning of work for American high school seniors from 1976 to 2005 (Abstract). *Youth and Society,* 8. August, doi: 10.1177/0044118X10381367. ↗ http://www.yas.sagepub.com/content/early/2010/09/21/0044118X10381367 (aufgerufen am 13.7.2012).

YATES, J. (2011): *Exploring the nature of coaching for career transition – Is it guidance by another name?* Vortrag im Rahmen der University of East London Conference on Career Coaching: Using coaching for career decisions and transitions am 17.5.2011.

YOGANANDA, P. (2005): *Meditationen zur Selbstverwirklichung.* Bern: O. W. Barth.

Index